快手营养便当

萨巴蒂娜◎主编

中国轻工业出版社

自做便当，万事不慌

上班的时候，吃自家做的料理，比起临时叫外卖，是一件让人羡慕的事。

健康、洁净。自己做的便当无论用什么肉类、蔬菜、油，心里都有数。比起重油、重口味的外卖，自然是健康得多。而且自己洗菜，每一片菜叶都会认真洗，而快餐店的老板会安排伙计洗得这么认真吗？不言而喻。

省钱。对，自己带便当真的很省钱。省下来的钱可以多做很多事，在现在这个时代，手里有钱，自然不慌。

提高生活品质。我一向觉得，做饭应该和骑车、游泳一样是必备的生活技能。尤其对独立生活的人更是如此。我搬过很多次家，但是一定会创造条件自己做饭。给我一口锅，我可以做天下万物，是的，你也应该具备这样的技能。无论谁会做饭都不如自己会，因为只有自己知道自己的口味。

选择营养健康的食材。这才是最重要的，你的身体是你吃下去的东西组成的。要多吃蛋白质，多吃五花八门的蔬菜，选择健康的油脂，选择优质的碳水化合物。

锻炼生活能力。便当要营养丰富、口味好，需要考虑很多问题。下班后的时间不多，早上的时间更加珍贵，如何有条不紊地做好买菜、烹饪、保存这几件事，考验的是你在生活中合理统筹、精心安排的智慧。

任世间风云变幻，做好小小的便当，便是守住了自己静水流深的一方天地。

高欣茹

萨巴蒂娜
个人公众订阅号

萨巴小传：本名高欣茹。萨巴蒂娜是当时出道写美食书时用的笔名。曾主编过五十多本畅销美食图书，出版过小说《厨子的故事》，美食散文集《美味关系》。现任“萨巴厨房”主编。

敬请关注萨巴新浪微博 www.weibo.com/sabadina

目 录

计量单位对照表

1 茶匙固体材料 =5 克

1 汤匙固体材料 =15 克

1 茶匙液体材料 =5 毫升

1 汤匙液体材料 =15 毫升

初步了解全书 008

关于便当的那些事

便当盒里藏乾坤 010

清洗饭盒有窍门 012

精选隔夜便当菜 013

常见佐餐小配菜 014

自由搭配才够美味

三色糙米饭 016

藜麦饭 017

胡萝卜花卷 018

葱油饼 020

南瓜双色小馒头 022

大虾煎饺 024

素春卷 026

土豆饼 028

紫薯饼 030

五彩鸡丝拌面 032

黄瓜炒虾仁 034

醋熘鱼片 036

可乐鸡翅 038

腊肉圆白菜 040

鱼香肉丝 042

糖醋里脊 044

懒人红烧肉 046

青椒酿肉 048

香葱厚蛋烧 050

蒜蓉西蓝花 052

干煸四季豆 054

红烧茄子 056

蚝油菜心 058

香菇油菜 060

牛肉小酥肉 062

番茄牛尾汤 064

紫菜蛋花汤 066

丝瓜鸡蛋木耳汤 068

鲫鱼蟹味菇豆腐汤 070

排骨玉米汤 072

菠菜肉丸汤 074

鸭血菠菜汤 076

皮蛋瘦肉粥 078

鲍鱼粥 080

西葫芦鲜虾粥 082

八宝山药粥 084

山楂红豆粥 086

南瓜红枣汤 088

冬瓜蛤蜊羹 090

青菜豆腐羹 092

焖出美味 好营养

五彩香肠饭 094

银耳雪梨燕麦粥 095

田园鸡肉粥 096

油焖芦笋小米粥 098

红豆薏米粥 100

绿豆百合粥 102

排骨焖萝卜土豆 104

芋头炒焖肉 106

焖烧老豆腐 108

茶叶鹌鹑蛋 110

热乎乎，蒸出原汁原味

豆酱蒸五花肉茄子 + 蒸红薯 112

豆角蒸肉丸 + 蒸粗粮 114

蒸小笼包 + 鲜虾粥 116

葱姜蒸大虾 + 南瓜馒头 118

蒸蛋羹 + 香米肉丸 120

来点异国简餐换换口味

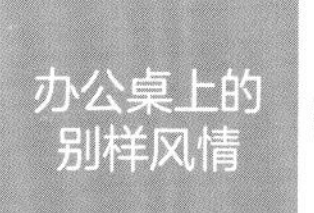

牛油果三明治 124

南瓜厚蛋烧三明治 126

扇贝肉三明治 128

金枪鱼煎蘑菇西多士 130

素汉堡 132

炸鸡汉堡 134

牛肉汉堡 136

奶酪热狗 137

酸黄瓜热狗 138

肉罐头生菜饭团 139

海苔肉松饭团 140

西蓝花培根饭团 142

鲜虾饭团 144

糙米山药饭团 146

玉米肠饭团 148

玩转营养巧搭配

海鲜炒面 + 番茄沙拉 150

红烧肉豆角焖面 + 拌金针菇 152

葱油拌面 + 酸豆角 154

炸酱面 + 酸辣脆藕 156

香菜牛肉春饼 + 炝炒土豆丝 158

肉夹馍 + 凉皮 160

韭菜菠菜盒子 + 小米粥 162

蛋炒饭 + 牛丸白菜汤 164

肉丝白菜炒饭 + 拌黄瓜 166

泡菜炒饭 + 味噌汤 168

西蓝花鸡肉饭 + 时蔬骨头汤 170

照烧鸡腿饭 + 酸甜腌萝卜 172

咖喱鸡肉饭 + 鲜菇鸡蛋汤 174

排骨土豆焖饭 + 番茄鸡蛋汤 176

台湾卤肉饭 + 卤鸡蛋 178

腊肠煲仔饭 + 冬瓜汤 180

牛肉卷盖饭 + 辣白菜 182

蛋包饭 + 甜渍圣女果 184

香菇鳕鱼茄汁饭 + 煎芦笋 186

日式鳗鱼饭 + 豆芽虾皮冬瓜汤 188

初步了解全书

为了确保菜谱的可操作性，

本书的每一道菜都经过我们试做、试吃，并且是现场烹饪后直接拍摄的。

本书每道食谱都有步骤图、烹饪秘籍、烹饪难度和烹饪时间的指引，确保你照着图书一步步操作便可以做出好吃的菜肴。但是具体用量和火候的把握也需要你经验的累积。

书中部分菜品图片含有装饰物，不作为必要食材元素出现在菜谱文字中，读者可根据自己的喜好增减。

关于便当的那些事

◢ 在日剧或韩剧里，我们经常会看到女主人公给喜欢的人做“爱心便当”的桥段。在辛苦忙碌了一上午之后，男主人公打开便当，忍不住露出笑容。因为包裹了浓浓的爱意，即便是最普通的菜肴，看起来也是那么美味，让吃的人掩藏不住洋溢的幸福。

◢ 便当自古有之，只不过在现代社会，因上班族的不断壮大而更为普遍。一份可口又营养的便当，不但可以补充身体所需，还能让心情变得愉悦。除此之外，一份合格的便当还要方便好携带。本着一个“吃货”的基本素养，本书作者选取了 100 道最合适做午餐便当的菜品，在注重营养均衡的同时，充分考虑到了上班族方便好做、易携带的需求，让你从此可以吃到安全可心的午饭，远离食堂差强人意的滋味，拒绝高油高盐还助人长胖的外卖。

◢ 但“工欲善其事，必先利其器”，让我们先了解一点儿有关便当的知识，学习一些小窍门、小技巧吧，这样会更有利于我们对便当的享受哟。

1 便当盒里藏乾坤

> 不可加热便当盒 <

不言而喻，这类便当盒不可用于高温（微波炉等）加热，如塑料便当盒、木质便当盒等。这类便当盒重量轻，拎起来轻松方便，适合盛放凉菜、水果或是西式简餐等无须加热就能食用的菜品。

> 可加热便当盒 <

可加热便当盒大都由耐高温的材料制作而成，如玻璃、陶瓷或者不锈钢等，可用于微波炉（金属材质除外）或者烤箱等加热。这类便当盒无毒无害，容易清洗，适合盛放任意菜品，但比较重，拎起来比较沉，对于需要通勤的上班族来说，不太适合携带。

>保温便当盒<

具有保温功能的便当盒特别受上班族们的青睐，这类便当盒多由不锈钢、陶瓷等材质制作，密封性好，保温长达 4~8 小时。早上做的便当，到了中午也完全无须加热，而且容易清洗，耐腐蚀、耐摔碰，只是拎起来会有些重，携带不太方便。

>焖烧壶<

焖烧壶又名焖烧杯、焖烧罐，因其特殊的设计，具有超长保温功能，所以与普通保温饭盒相比，其可以用来盛放一些半熟或者半加工的菜品，如果时间允许，用来煮粥、焖蛋也完全没问题。

>电热便当盒<

相较于普通便当盒而言，这类便当盒不仅保温，还可以插电加热，能够让你在中午吃到热乎的饭菜。其外壳由食品级 PP 材料制成，内部是不锈钢材质，集容易清洗、重量轻、携带方便等优点于一身，只是在价格上有些小贵。

2 清洗饭盒有窍门

加点茶叶去油腻

用过的饭盒总少不了油污，油腻粘手难清洗，这时不妨把上班时喝过的茶叶倒入其中，然后用温水浸泡一刻钟左右，就很容易去除油污了，而且，洗完之后还有一股淡淡的茶叶清香呢。

巧用柠檬去异味

饭盒用久了，特别是塑料饭盒，很容易有一股洗不掉的异味。此时可以用柠檬水来清洗。用新鲜柠檬泡水或者用干柠檬片泡开的热水都可以，把其倒入饭盒中，约半小时后倒掉，再把饭盒晾干就可以啦。

撒点面粉吸油渍

对于满是油腻的便当盒，可以先撒点面粉进去，因为面粉有着很强的吸附性，可以吸附饭盒内的油污和水分。晃一下，使面粉均匀铺开后静置一会儿，再用纸巾擦干净，加水冲洗一下就可以了。

洗完之后再消毒

对于玻璃、陶瓷等可耐高温材质的饭盒来说，清洗过后建议再用沸水烫洗一下，可以杀菌消毒。如果办公室没有热水，擦干后也可以放入微波炉中高温运转一下，同样也能起到杀菌的效果哟。

3 精选隔夜便当菜

根茎类蔬菜是首选

根茎类蔬菜在日常生活中常见，比如土豆、胡萝卜、莲藕等，这些绝对都是便当菜的首选。这类蔬菜不容易变质，即便是隔夜食用，加热后也能够完全保留口感和风味。除此之外，很多根茎类蔬菜还可以做主食，特别利于减肥期间食用。

绿叶菜更宜做冷餐

相较于根茎类蔬菜，绿叶菜就不是很好的便当菜之选了，因为绿叶菜很容易在冷藏后变质，而且加热之后滋味也大打折扣。但绿叶菜可以用来做冷餐，比如生菜、甘蓝等。如果是西蓝花，还可以在盐水中煮熟后，腌制一下做成下饭小菜。

海鲜肉类需重调味

如果用鱼、虾、扇贝等海鲜或者猪肉、牛腩等肉类食材来做便当，建议适当加重调味，而且烹制一定要充分，这样做可以最大限度防止细菌滋生。如果是炖煮，建议将汤汁收干，这样方便携带还入味。腌制过的荤菜，如培根、腊肉等是很不错的便当菜选择。

花式蛋类随意烹调

在众多适合做便当的菜品中，蛋类食材简直就是备受追捧的大明星。鸡蛋、鸭蛋、鹅蛋、鹌鹑蛋……不但放得住，而且怎么做都有营养，单独煮、炒、腌、煎，或者和别的食材搭配，做成乳蛋饼、厚蛋烧等，都很美味。只要你想，尽情发挥吧。

鸡肉类菜肴可常备

把鸡肉从肉类食材中拿出来单独说，是因为它不仅有营养，而且不管怎么做都适合用来做便当。鸡胸肉可煎、可烤、可水煮，鸡腿肉可炒、可炖、可配菜。如果不知道明天午餐吃什么，鸡肉是个不错的选择哦！

4 常见佐餐小配菜

常吃萝卜保平安

一到秋冬时节，无论是南方还是北方，萝卜都是餐桌上常见的美味。由于其质地坚硬且不易变质，很多人在炒炖之外，还经常把萝卜腌成酱菜保存。白萝卜、青萝卜、胡萝卜、水萝卜都可以用来腌制，吃饭时来碟爽口咸香的萝卜条做配菜，不但开胃，更能解腻下饭呢。

配粥还得疙瘩丝

要说在咸菜界，能跟腌萝卜有一拼的就是芥菜疙瘩了。芥菜疙瘩，又名大头菜、辣疙瘩，素来以配菜出现在各家各户的饭桌上。其腌制过后辣味消失，口感清脆，切成细丝凉拌或者炒熟都分外咸香，尤其是喝粥的时候配着吃，那真是一种享受。

脆爽黄瓜能开胃

夏天的时候，把新鲜的黄瓜洗净后腌制起来，不但能够存储长久，而且味道也会清脆爽口，再加上点辣子、花椒油，超级下饭。不过有一点需要注意，黄瓜不宜腌太久，水分太少就不脆了，影响口感。

腌辣白菜是一绝

提起用白菜作原料腌制的配菜，第一个想到的就是泡菜，又叫辣白菜。这道盛行于朝鲜族的风味发酵美食，因其辣、脆、酸、甜的滋味，备受人们喜爱，简直就是米饭的绝配。常吃还可刺激肠胃蠕动，促进消化，对久坐不动的上班族来说最合适不过了。

榨菜脆嫩受欢迎

在世界著名腌菜之中，中国重庆的涪陵榨菜特别受到人们的喜爱。榨菜可做汤，也可炒菜。腌制过后的榨菜有着一股特殊的酸味，尝起来鲜香脆嫩，极其适合配饭食用，而且在大鱼大肉的宴饮之后，还可解腻醒酒呢。

注：为健康考虑，以上小配菜中的腌菜类请酌情食用。特别是高血压患者，应少吃或不吃。

自由搭配才够美味

- 对于上班族来说，午餐是一天中营养的主要来源，绝对不能瞎凑合。即便在办公室，也得有饭、有菜，再配上汤，才能称得上是吃了顿好饭。只有吃得满足，才能有更好的精力和心情继续工作。

- 主食是一餐中必不可少的部分，精心挑选出来的这十款花样主食，米饼面、粗细粮皆可选择，口感丰富、更有层次。菜品是餐食的关键，这十五款精致菜肴，荤素巧搭，有的清新淡雅，有的香气浓郁，滋味各有千秋，让人“爱不释口”。汤粥是最养胃的，奉上十五款暖心汤粥，甜咸随需选，入口的每一勺都风味十足。足足四十道主食、菜品和汤粥，任你自由搭配。

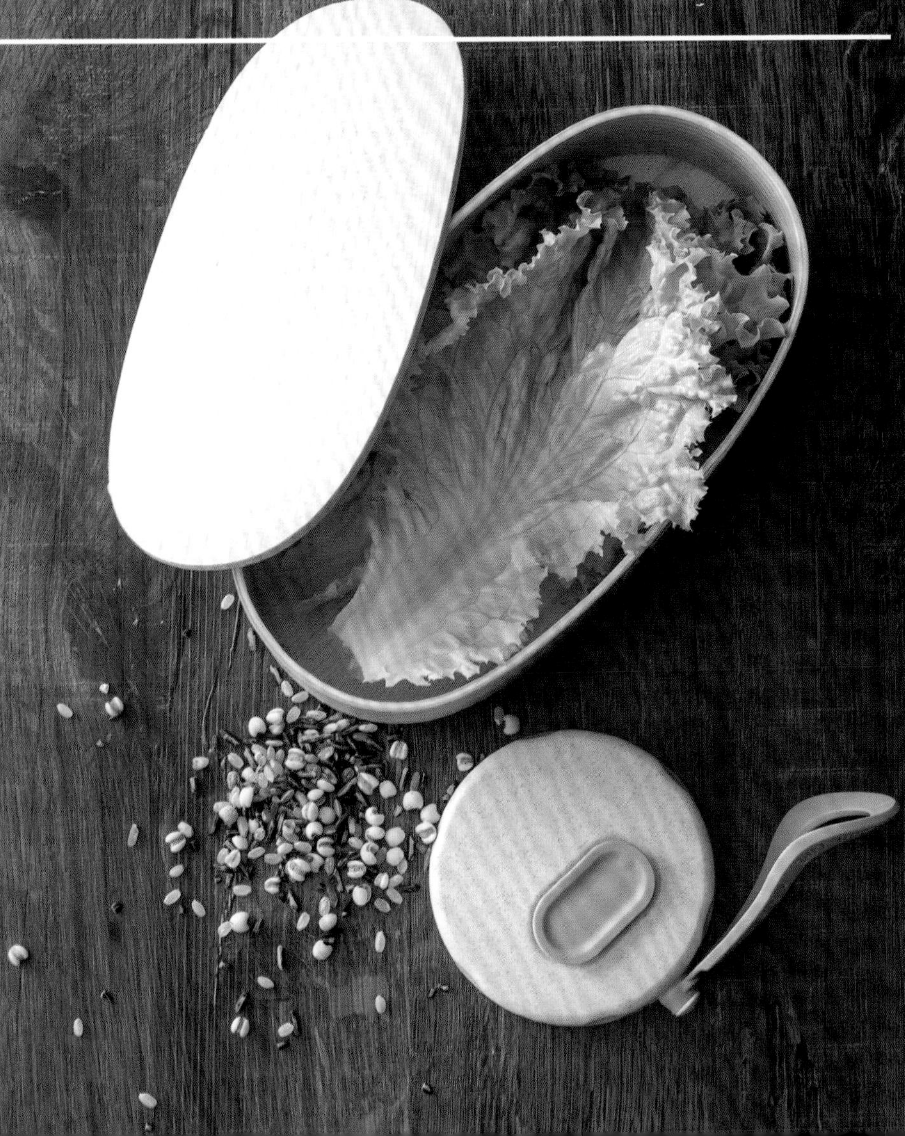

减肥照样吃主食

三色糙米饭

80 分钟　简单

这道主食一改大米饭的单调，不但颜色多样，口感也极富有层次，用来做午饭，更有着强烈的饱腹感，让正在减肥的你敞开肚皮尽情吃，无须再饿着肚子啦。

主料

糙米100克 · 红米50克 · 黑米50克

营养贴士

这道以粗粮为主的主食，不但能为身体提供充足的热量和营养，还可以促进肠胃蠕动，减少糖分的摄入。糙米中富含的膳食纤维能让人产生强烈的饱腹感，还有排毒美肌的效果。

做法

1　将糙米、红米、黑米分别淘洗干净后，混合放入冷水中浸泡40分钟左右。

2　将浸泡过后的三色米放入电饭煲中，加入350毫升清水。

3　启动电饭煲，选择煮饭模式。

4　约30分钟后，电饭煲自动进入保温模式。

5　在保温模式下闷10分钟后，拔掉电源，就可以盛起了。

烹饪秘籍

如果喜欢软糯的口感，可以先将三色米提前浸泡1晚，然后在煮饭时多点加水，这样吃起来会细腻柔软很多。

瘦身减肥的主力选手

藜麦饭

60分钟　简单

藜麦淡淡的清香，让这道主食不但营养充足，口感也更为丰富，极低的热量更是有助于减肥。

主料

藜麦50克 · 大米150克

营养贴士

素有“超级食材”美称的藜麦含有丰富的膳食纤维，与大米搭配食用，能促进消化，减肥瘦身，长期食用还能够降低胆固醇，保护心脏，特别适合“三高”人群。

做法

1　将藜麦淘洗干净后，放入冷水中浸泡30分钟左右，泡出麦芽。

2　将大米淘洗干净后，冷水浸泡10分钟。

3　将泡好的藜麦和大米一起放入电饭煲中，加入350毫升清水。

4　启动电饭煲，选择煮饭模式。

5　约30分钟后，拔掉电源，就可以盛出了。

烹饪秘籍

建议提前将藜麦用冷水浸泡，等泡出麦芽后再下锅，这样可以更好激发出藜麦的口感，而且营养也更为充足。

黄金灿灿点点红

胡萝卜花卷

80分钟　简单

主料

胡萝卜80克 · 红豆20克 · 面粉300克

辅料

酵母3克 | 白糖1汤匙

营养贴士

用胡萝卜汁做出来的花卷，不但口感香甜，还含有丰富的维生素，在饱腹的同时更能够补充身体所需的微量元素，保护眼睛，特别适合用眼过度的上班族们做主食便当。

做法

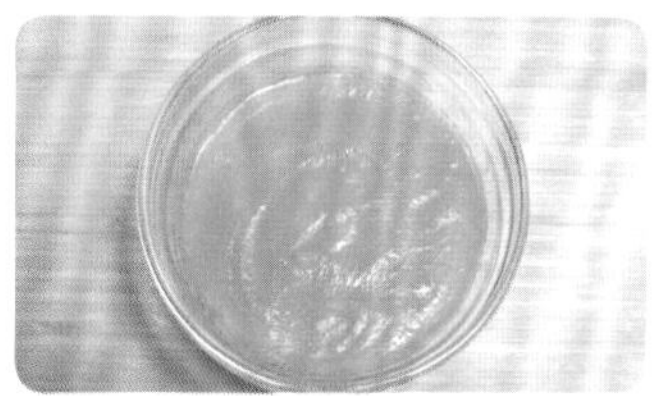

1 将胡萝卜洗净，切滚刀块后放入榨汁机，加入100毫升纯净水，榨汁备用。

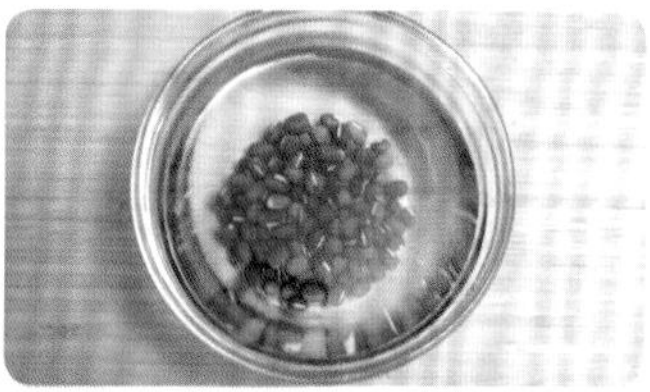

2 将红豆洗净，放入冷水中，浸泡备用。

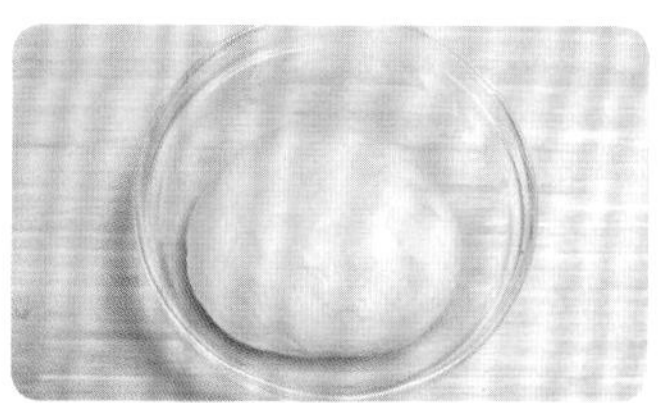

3 将榨好的胡萝卜汁、面粉、白糖和酵母放入面盆中，以温水搅拌后，揉成光滑面团。

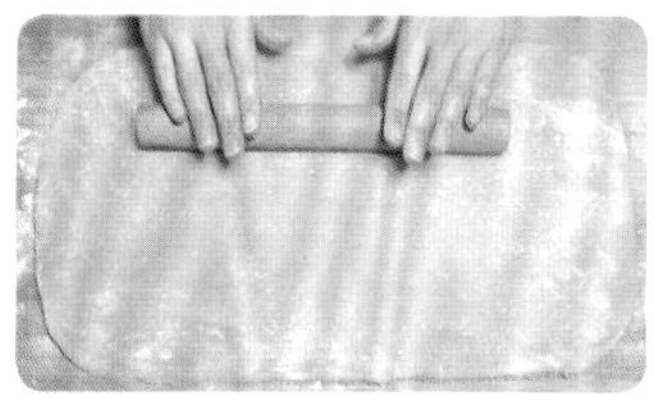

4 用保鲜膜包裹面团发酵，约30分钟后，擀成厚度均匀的面片。

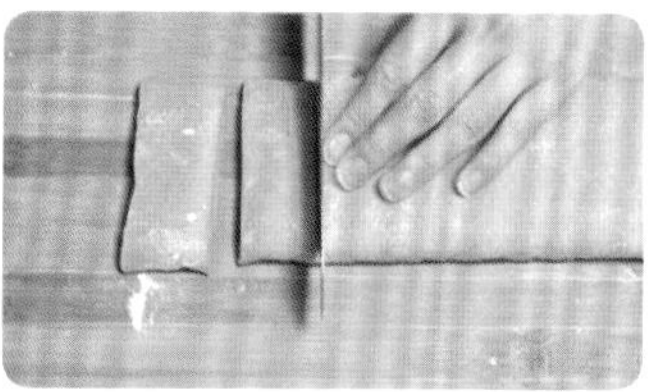

5 将面片三折成一条长卷，用刀切成大小适中的方块剂子。

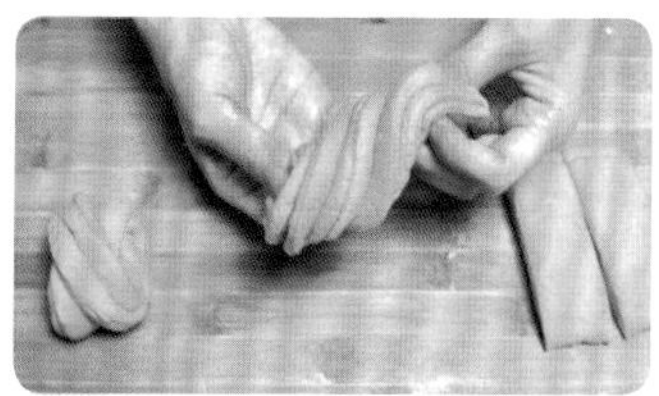

6 用筷子从剂子的中间按压，捏住两端拉伸后绕大拇指一圈，然后从底部捏紧即可。

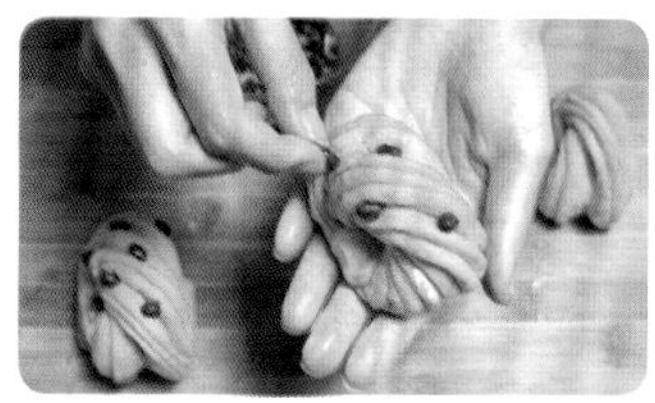

7 将浸泡好的红豆点缀在做好的花卷褶皱之间。

8 取蒸锅，放入冷水，将制作好的花卷放入蒸屉上，醒发20分钟。

9 开大火蒸，上汽后转中火，20分钟后关火，闷5分钟即可出锅。

烹饪秘籍

最好用保鲜膜包裹住面团发酵，这样既可以节省面团的发酵时间，还可以保持面团湿润，防止表面水分流失而干裂。

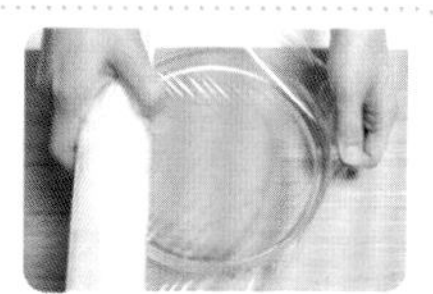

如此漂亮诱人的高颜值主食，让人在看到的瞬间便食欲大增，搭配红豆更显俏皮可爱。

层层酥香惹人馋

葱油饼

80分钟　简单

主料

小香葱1棵（约20克）· 面粉300克

辅料

盐1茶匙 | 油50毫升

营养贴士

酥脆咸香的葱油饼，好吃到让人停不下来。葱油饼富含碳水化合物，能够提供充足的能量，还可以补充身体所需的微量元素，只是由于含油量较高，血脂偏高的人尽量少吃。

做法

1 将小香葱洗净，切成碎末，放入碗中，备用。

2 将面粉放入面盆中，以温水和面，并揉成光滑面团。

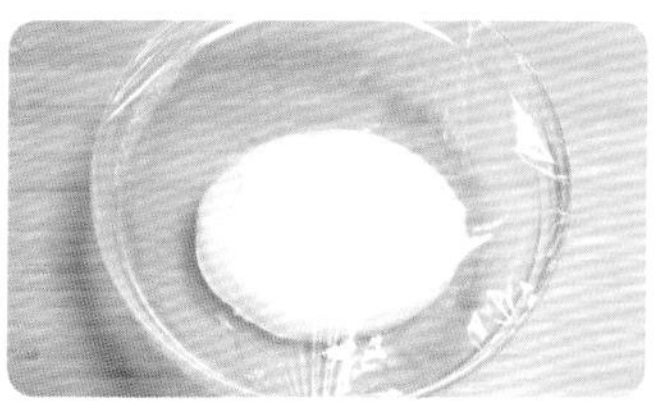

3 用保鲜膜包裹面团发酵，醒发约30分钟。

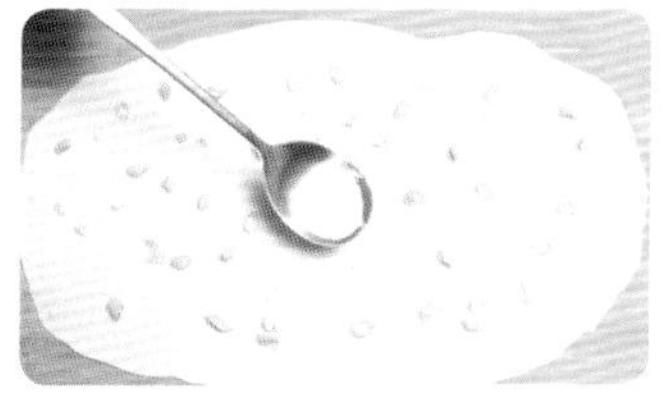

4 将发酵好的面团分成大小适中的面剂子，擀成厚薄均匀的面片，刷一层油后，均匀撒葱末，再均匀撒盐。

5 从面片上下两边往中间卷到一起，捏合好首尾。

6 从左右往中间卷到一起后，右上左下扭叠在一起，然后再用手慢慢压扁。

7 撒些面粉到面板上，将压扁后的圆饼用擀面杖擀到薄厚适中，完成薄饼制作。

8 取平底锅，倒入适量油，均匀分布，小火烧至油热后，放入做好的面饼。

9 中火慢慢煎，至双面金黄起层，就可出锅食用啦。

烹饪秘籍

葱油饼的关键就是油一定要放到位，否则面饼会发硬而且不起层，特别影响食用口感。此外葱末也要多放，这样滋味才更香。

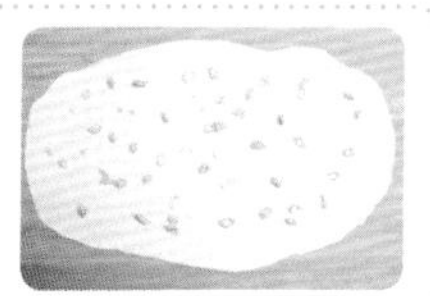

咸香酥脆，吃一口分外满足。在家自己做的葱油饼不但健康卫生，味道更是一级棒!

"主食界"的小清新

南瓜双色小馒头

100分钟　简单

主料

南瓜50克 · 面粉350克

辅料

酵母2克

烹饪秘籍

关火后建议先不着急揭盖，闷5分钟后再出锅，这样做是为了防止热馒头在遇冷后表皮回缩，影响颜值。

做法

1 将南瓜洗净后，放入锅中蒸熟，并压成泥备用。

2 将150克面粉、1克酵母和制好的南瓜泥放入面盆中，以温水和面，揉成南瓜面团。

3 将剩下的面粉、酵母放入面盆中，揉成白面团。

4 分别用保鲜膜包裹面团发酵，醒发约30分钟。

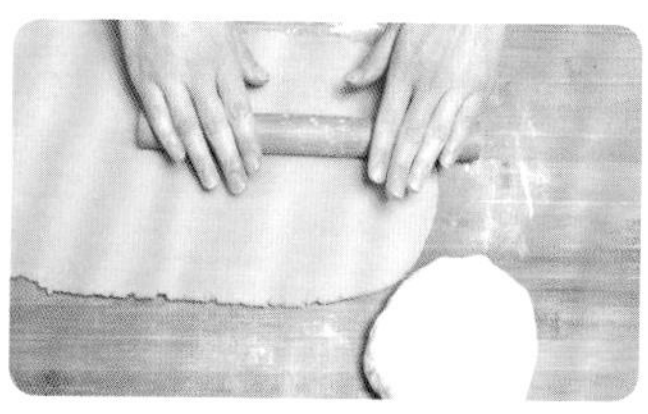

5 分别将发酵好的南瓜面团和白面团擀成厚薄均匀的两个面片。

6 将南瓜面片和白面片叠放后，从一侧慢慢卷成长卷，用刀切成馒头坯。

7 取蒸锅，将水烧至温热，把馒头坯放入蒸屉中，发酵约40分钟。

8 开大火，上汽后转中火，15分钟后关火，闷5分钟后，双色小馒头即可出锅啦。

营养贴士

这款颜色分外清新的主食，因着南瓜的加入而变得更有营养，丰富的维生素C还能美容护肤，让你越吃越漂亮。

黄白相间，趣味横生，不但颜值好看，滋味也更是清香甘甜。带它做便当，绝对会收获很多赞哟。

外酥内香满口鲜

大虾煎饺

60分钟　简单

主料

大虾200克 · 饺子皮150克 · 白菜100克 · 韭菜100克 · 猪肉末50克

辅料

料酒1汤匙 | 盐1茶匙 | 生抽1汤匙 | 油30毫升 | 葱5克 | 姜5克

烹饪秘籍

建议用料酒提前腌一下大虾，这样可以去除腥味，味道更鲜美。

做法

1 将大虾洗净，剔除虾线后剥除虾壳，取出虾仁放入碗中，倒入1汤匙料酒和1/2茶匙盐，腌制备用。

2 将白菜、韭菜洗净，切细丁；葱、姜切碎末，一起放入猪肉末中剁成泥，放入生抽、剩余盐和适量油后搅拌均匀。

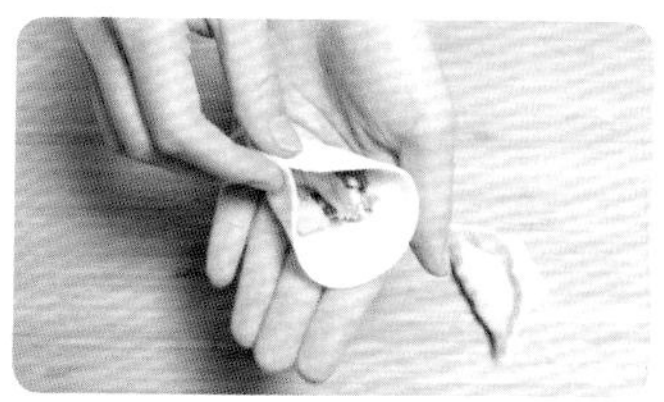

3 取少许肉馅到现成的饺子皮中做底，再放上腌好的大虾，按照煎饺的样子对折捏好。

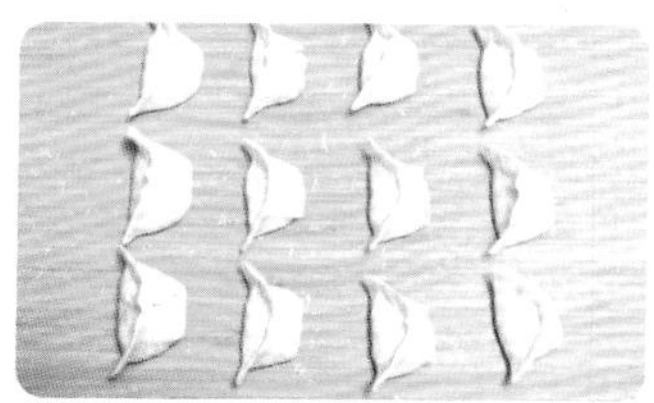

4 依次将剩下的饺子皮按照步骤3制作完成。

5 取平底锅，小火烧热后，均匀倒入适量油，将包好的大虾煎饺依次放入锅中摆好。

6 中火煎至底部焦黄后，淋入小半碗清水，盖锅盖，转大火。

7 5分钟后汤汁收干，即可出锅啦。

营养贴士

大虾煎饺不但味鲜，营养也极为丰富，虾肉中的蛋白质能够为身体提供所需的能量，还可以补脑，有助于神经系统的健康，注意力不集中、神经衰弱的朋友可常吃。

外皮酥脆，内馅鲜香，入口时满满都是饱满弹牙的虾肉，人间至味也不过如此了。

春风十里不如它

素春卷

60分钟　简单

主料

馄饨皮150克 · 黄瓜100克 · 粉丝50克
鸡蛋1个（约60克）· 木耳10克

辅料

生抽1茶匙 | 盐1/2茶匙 | 鸡精1/2茶匙 | 油适量

烹饪秘籍

在春卷的煎炸过程中一定要全程小火，否则特别容易外皮焦煳了，内馅还不熟，让口感大打折扣。

做法

1　将黄瓜洗净后切成细丝备用。

2　粉丝、木耳泡发后洗净，粉丝切段，木耳切丝备用。

3　将鸡蛋打入碗中，搅拌均匀。

4　取平底锅，烧热后倒入少量油，将打好的蛋液倒入锅中，煎好，放凉备用。

5　将煎好的鸡蛋切细丝，与备好的粉丝、木耳、黄瓜一起放入碗中，加生抽、盐和鸡精后，搅拌均匀。

6　将馄饨皮铺好，放入拌好的馅料，从下往上卷，再从左右两边向中间折叠。

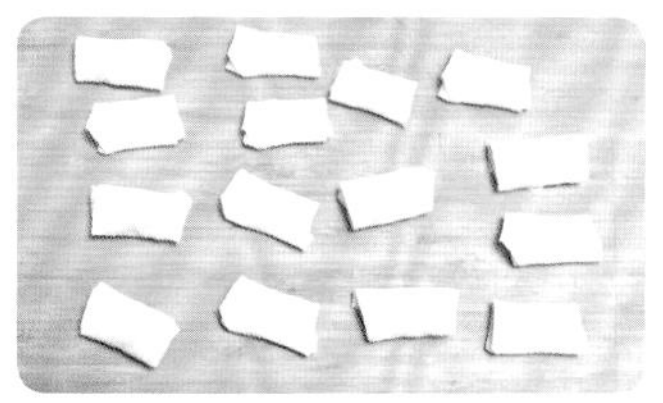

7　按照步骤6，依次将剩余馄饨皮制作成春卷。

8　取平底锅，小火烧热后倒入适量油，放入制作好的春卷。

9　炸至表皮双面都金黄后，关火盛出，即可享用啦。

营养贴士

用素春卷当主食便当，不但滋味鲜美，而且因为内馅由多种蔬菜制作而成，所以营养也是分外充足，在补充能量的同时，也能补充多种维生素，健康又好吃。

春卷的美味无人能抵挡，皮酥馅鲜，美味多汁，吃起来尤为脆爽，简直停不下来。

土豆饼

40分钟　简单

主料

土豆300克 · 面粉150克 · 鸡蛋1个（约60克）

辅料

葱5克 | 盐1/2茶匙 | 鸡精1茶匙 | 花椒粉1茶匙 | 油50毫升

营养贴士

土豆中含有大量淀粉、维生素和微量元素，与鸡蛋和面粉搭配做成土豆饼，不但营养美味、能饱腹，还可以促进消化，有助于减肥瘦身。

做法

1　将土豆洗净后，切成细丝，泡入冷水中去除淀粉，备用。

2　将葱切成碎末，放入碗中备用。

3　将土豆丝沥干水分后与葱末、鸡蛋和面粉一起放入碗中，加盐、鸡精和花椒粉后搅拌均匀。

4　取平底锅，小火烧热后倒入适量油，倒入土豆丝蛋液。

5　煎至双面金黄后即可出锅。

烹饪秘籍

建议先将土豆丝清洗掉淀粉，在彻底沥干水分后再调味，这样煎出来的土豆饼口感更酥脆。

金黄的色泽，酥脆的外皮，鲜嫩的内瓤，是让人最难忘的家常味，绝对不可错过。

软糯香甜弹牙

紫薯饼

50 分钟　简单

主料

紫薯150克 · 牛奶250毫升 · 糯米粉200克

辅料

白芝麻3克 | 白砂糖1汤匙

烹饪秘籍

在选择紫薯时，不要选圆滚滚和表皮有斑的，尽量选择表皮光滑、长条状的，这样的紫薯口感香甜，味道更好。

做法

1 将紫薯洗净后去皮，蒸熟，压成泥。

2 将紫薯泥、糯米粉放入碗中，加白砂糖和牛奶，揉成面团。

3 取面团分成小团后，揉成大小适中的球，用力压扁成圆饼。

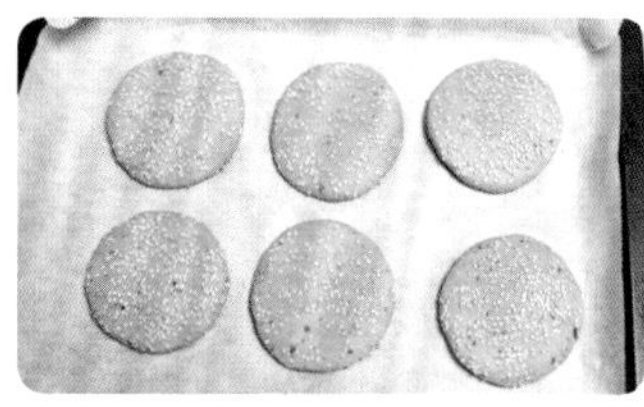

4 在圆饼表面均匀撒上白芝麻，放在铺好油纸的烤盘上。

5 烤箱预热180℃，5分钟后，放入装有紫薯饼的烤盘。

6 高火175℃烘烤20分钟左右，即可出炉啦。

营养贴士

紫薯的热量极低，而且含有丰富的膳食纤维和极易被身体吸收的蛋白质和多种微量元素，用来做主食，在促进消化的同时，还有助于排毒养颜、减肥瘦身，增强免疫力。

这道充满紫色诱惑的主食，不但闻起来奶香扑鼻，吃起来更是软糯香甜、弹性十足，而且简单易做，值得你尝试哟。

从此爱上吃凉面

五彩鸡丝拌面

50 分钟　简单

烹饪秘籍

将煮好的面过凉白开，能保证面条的口感筋道，清爽不变坨。

主料

鸡胸肉200克 · 面条200克 · 黄瓜80克
胡萝卜60克 · 鸡蛋1个（约50克）

辅料

油30毫升 | 盐1/2茶匙 | 味极鲜1汤匙 | 蚝油1汤匙
葱10克 | 姜5克 | 蒜5克 | 辣椒油1茶匙 | 醋1汤匙
麻椒5克

做法

1　将黄瓜、胡萝卜洗净，切成细丝备用。将葱切葱丝，姜切片，蒜切成小粒。

2　将鸡胸肉洗净后，放入锅中加冷水，加姜片煮熟，15分钟关火。

3　将煮熟的鸡胸肉放凉后，用手撕成细丝，放入汤碗中备用。

4　将鸡蛋打入碗中，加少许盐搅匀。

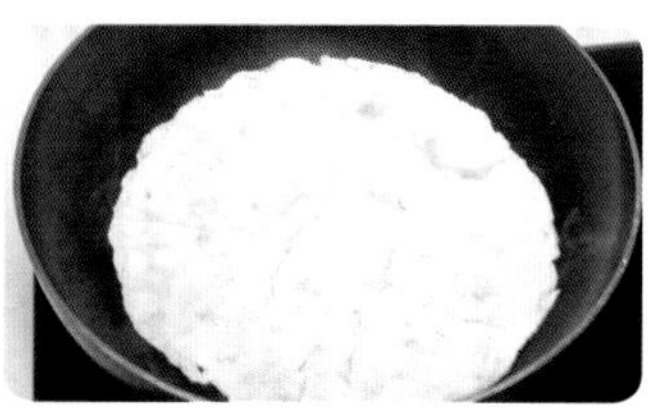

5　取平底锅，温热后放油，倒入打好的蛋液，煎成蛋饼。

6　将蛋饼放凉后切成细丝备用。

7　净锅煮水，水开后下面条，煮熟后将面条放入凉白开中过凉，沥干备用。

8　锅中放油加热，加蒜粒、麻椒煸炒，放盐、醋、味极鲜、蚝油、辣椒油，制成酱汁。

9　将凉面、鸡丝、黄瓜丝、胡萝卜丝、蛋饼丝放在一起，加葱丝，倒入酱汁后搅拌均匀，即可食用。

营养贴士

这道美味的五彩鸡丝面爽口低脂，鸡胸肉中富含优质蛋白质，极易被身体吸收，有助于增强体力、强壮身体。与黄瓜、胡萝卜搭配，还能补充人体所需的多种维生素和微量元素。

这款豪华升级版的鸡丝拌面色香味俱全，清爽可口，夏天的时候吃起来尤为过瘾。

怎一个“鲜”字了得

黄瓜炒虾仁

20分钟　简单

主料

黄瓜200克 · 虾仁150克 · 胡萝卜30克

辅料

油20毫升 | 料酒1汤匙 | 盐1/2茶匙 | 姜4片 | 蒜2瓣

营养贴士

黄瓜可以减肥，搭配低脂肪的虾仁和能够缓解视疲劳的胡萝卜，这道菜品的营养不容小觑。对于每天要面对电脑的上班族来说，经常食用这道菜极为有益。

做法

1 黄瓜洗净，去蒂、去尾，一刀切成两段后，斜刀切片。

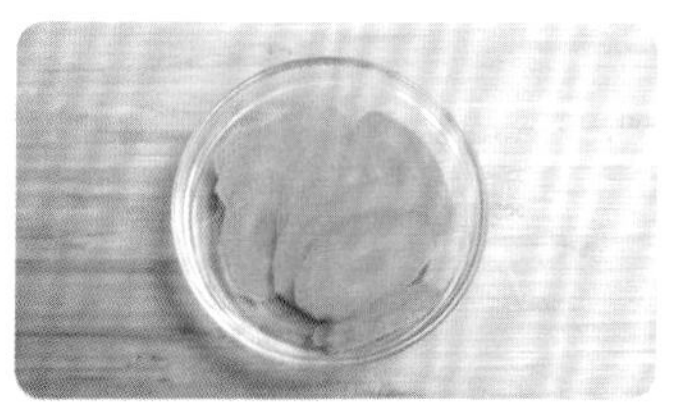

2 胡萝卜洗净、去皮，切成薄片，备用。

3 新鲜虾仁洗净、控水，放入碗中，加入料酒、姜片、蒜片，腌制3分钟。

4 锅中热油，倒入腌制好的虾仁，滑炒至变色。

5 依次加入切好的黄瓜片、胡萝卜片，继续翻炒。

6 炒至黄瓜和胡萝卜断生，加入盐调味，关火，出锅。

烹饪秘籍

虾仁提前加入料酒和姜、蒜腌制是为了去除腥味，让这道菜的口感更加清新。如果忘记或来不及腌制，也可以在清炒虾仁时加入料酒，效果一样。

这道简单易做的清新菜品，不但看上去赏心悦目，尝起来也脆爽鲜美，尽管少油少盐，但美味却不减丝毫。

鲜滑可口，挑逗味蕾

醋熘鱼片

40 分钟　简单

主料

龙利鱼2条（约400克）· 干木耳15克 · 姜15克

辅料

油20毫升 | 盐1/2茶匙 | 葱10克 | 料酒2汤匙
白醋3汤匙 | 生抽2茶匙 | 胡椒粉1茶匙 | 淀粉10克

烹饪秘籍

白醋比较容易挥发，建议在最后鱼肉差不多熟的时候再放，比较容易出味。

做法

1 将龙利鱼处理洗净后，片成厚薄适中的鱼片，放入碗中。

2 葱切细段、姜切丝，木耳温水泡发后洗净，择成小朵备用。

3 将生鱼片加料酒、生抽、胡椒粉、盐和淀粉以及少量姜丝腌制10分钟。

4 炒锅放油，小火烧热后放葱丝、姜丝爆炒，爆香后倒入木耳，翻炒均匀。

5 往锅中倒入腌好的生鱼片以及汤汁，至鱼肉发白后，加白醋。

6 大火收汁，汤汁浓稠后关火，出锅即可。

营养贴士

龙利鱼含有大量不饱和脂肪酸，可以有效预防心血管疾病，对增强记忆力也很有效果。整天面对电脑的上班族们常吃鱼肉，还能够抑制眼睛里的自由基，预防炎症，保护视力。

龙利鱼最大的优点就是肉质久煮不会柴，刺少无腥味，用来醋熘更为鲜嫩爽滑。

可乐鸡翅

40分钟 简单

主料

鸡翅500克 · 可乐250毫升

辅料

葱10克 | 姜10克 | 油30毫升 | 生抽1汤匙
老抽1/2茶匙 | 盐1/2茶匙 | 料酒2汤匙

烹饪秘籍

在制作的全程一定要不停地翻炒，否则鸡翅很容易焦煳，吃起来一股苦味，严重影响口感。

做法

1 将鸡翅洗净后，在翅背面斜着划二刀，备用。

2 净锅放冷水，将鸡翅下锅煮，加姜片和葱，10分钟后捞出沥干。

3 取平底锅，小火烧热后放油，将沥干水分的鸡翅放入，双面煎至焦黄。

4 依次加入料酒、生抽、老抽，均匀翻炒上色。

5 倒入可乐，转中火，盖锅盖。

6 烧开后加盐，转大火收汁。

7 汁水收干后关火，即可出锅。

营养贴士

鸡翅尽管没多少肉，但营养还是很丰富的，其含有大量的维生素A及磷、钾、钠等矿物质元素，常吃可以让皮肤变得光滑有弹性。但可乐热量较高，多吃容易发胖，建议减肥人士少吃。

这绝对是最受人喜爱的一道美食了，色泽艳丽好看，口感鲜美嫩滑，而且因为可乐的加入，香气更浓、更迷人。

咸香爽脆味更鲜

腊肉圆白菜

30 分钟　简单

主料

圆白菜300克 · 腊肉200克

辅料

干辣椒2个 | 葱白10克 | 姜5克 | 蒜3瓣 | 油20毫升
盐1/2茶匙 | 料酒1汤匙 | 胡椒粉1茶匙 | 香油1茶匙
鸡精1/2茶匙

烹饪秘籍

建议圆白菜先洗净后，再用手撕成碎块，这样残留的水分少，爆炒后的口感更清脆。

做法

1 将圆白菜洗净后，手撕成碎块备用。

2 将干辣椒、姜、葱切丝，蒜切碎粒，备用。

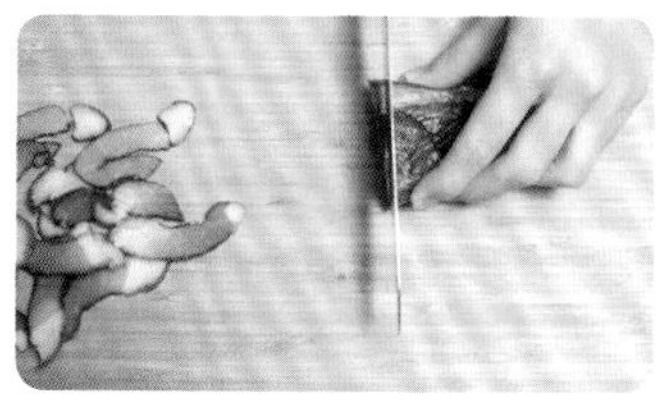

3 腊肉洗净后，按肥瘦相间切成薄片备用。

4 锅内放油，小火烧热后，倒入辣椒丝、葱丝、姜丝和蒜粒炝锅炒香。

5 倒入腊肉煸炒，加料酒，出香味后倒入圆白菜。

6 翻炒均匀，起锅前加盐、鸡精、胡椒粉和香油，搅匀后即可出锅。

营养贴士

圆白菜含有丰富的维生素C和叶酸等营养元素，对女性特别友好，经常食用不但美白养颜，还能消炎抗氧化，延缓衰老。而圆白菜含有的钙、磷等矿物质则能够促进骨骼的发育，增强免疫力，预防感冒。

咸香的腊肉，爽脆的圆白菜，炝爆之后香气浓郁迷人，痛快来一口，解馋更下饭。

堂堂正正中国菜

鱼香肉丝

40 分钟　中等

营养贴士

猪肉里的优质蛋白质极易被人体吸收，可以补充身体所需的能量，与富含铁元素的木耳搭配，还能促进铁的吸收，有效改善贫血症状，补气养血，给你带来好气色。

主料

猪里脊肉250克 · 干木耳15克 · 胡萝卜60克
莴笋80克

辅料

葱10克 | 姜5片 | 蒜3瓣 | 干辣椒5克 | 油30毫升
盐1/2茶匙 | 料酒3汤匙 | 白糖1茶匙 | 胡椒粉1/2茶匙
醋3汤匙 | 生抽1汤匙 | 老抽1茶匙 | 淀粉10克

做法

1 将猪里脊肉洗净后切细丝，冷水浸泡10分钟后捞出沥干。

2 在肉丝中加胡椒粉、老抽、1汤匙料酒、1/2汤匙生抽、5克淀粉，搅匀后腌制10分钟。

3 木耳泡发后洗净，切丝备用；胡萝卜、莴笋去皮、洗净后切丝备用。

4 将葱、姜、蒜、干辣椒剁细碎备用。

5 取小碗，加白糖、盐、醋、2汤匙料酒、剩余生抽、淀粉和适量清水，调制鱼香味汁。

6 净锅煮水，加适量盐，水开后倒入木耳丝、莴笋丝，焯30秒后捞出备用。

7 锅内放油，小火烧热后，倒入腌制好的肉丝，快速滑散，发白后盛出备用。

8 锅内留底油，倒入葱、姜、蒜、辣椒碎炝锅，爆香后倒入肉丝继续翻炒。

9 锅内加木耳丝、莴笋丝、胡萝卜丝，翻炒均匀后，倒入调制好的鱼香味汁。

10 继续翻炒，大火收汁，待汁液变稠收紧，关火出锅。

烹饪秘籍

里脊肉切好肉丝后放入冷水中浸泡一会儿，可以去除肉中的血水，更鲜嫩。

这道菜的关键就在于调味汁，用葱、姜、蒜搭配酱料汁调出浓郁的鱼香味，吃起来酸辣咸甜兼具，配饭简直无敌。

酸酸甜甜好开胃

糖醋里脊

50 分钟　中等

营养贴士

糖醋里脊经过了裹糊处理，使得其营养能得以更好地保留，常吃可以补气血、强健身体。而青豆富含矿物质，可补脑健脑，对改善记忆力有着很好的效果。

主料

猪里脊肉300克 · 青豆100克 · 鸡蛋1个（约50克）
淀粉100克

辅料

油50毫升 | 白糖1汤匙 | 醋1汤匙 | 料酒1汤匙
盐1/2茶匙 | 番茄酱2汤匙 | 胡椒粉1/2茶匙

做法

1 将里脊肉洗净后，切成粗细适中的细条状，冷水浸泡10分钟后捞出沥干。

2 在肉条中加入盐、料酒、胡椒粉和鸡蛋，搅匀后腌制20分钟。

3 将腌好的肉条裹上适量淀粉，并抖掉多余淀粉后备用。

4 取腌制肉条后的汤汁，加醋、白糖、淀粉和适量清水，搅匀成味汁备用。

5 青豆洗净；大火煮水，加少许盐，水开后放青豆，焯5分钟后过清水备用。

6 锅内放油，小火烧热后，依次放入裹好的肉条煎炸，1分钟后捞出。

7 将全部炸好的里脊肉条再次倒入油锅中复炸，大火炸至焦黄后立即捞出。

8 锅内留少油，倒入番茄酱翻炒，倒入调味汁勾芡，大火收汁。

9 转小火，将炸好的里脊肉条下锅，翻炒均匀至裹上汁液后，关火出锅。

10 将焯熟的青豆撒在里脊肉上即可。

烹饪秘籍

腌好的里脊肉在裹完淀粉后，记得拍掉表面多余的淀粉，这样下油锅煎炸时不会有太多面渣，影响口感。

这道菜外酥里嫩、酸甜可口、肉质紧实，配上浓郁的酱汁，好吃不油腻，美味更开胃。

回忆里的儿时味道

懒人红烧肉

60 分钟　中等

主料

带皮猪五花肉500克 · 香菜30克 · 冰糖30克

辅料

油20毫升 · 葱10克 · 姜10克 · 蒜5克 · 干辣椒5克 · 八角3克 · 盐1/2茶匙 · 生抽1茶匙 · 老抽1/2茶匙 · 料酒2汤匙

烹饪秘籍

❶ 提前用冷水浸泡五花肉，可以去除肉中的腥味，口感更好。

❷ 炒糖色时一定要全程小火，否则特别容易焦煳，吃起来发苦。

做法

1 将带皮五花肉洗净后，切成大小适中的长方块，冷水浸泡10分钟。

2 香菜洗净，切碎段，姜切片备用。

3 净锅煮水，放入五花肉块，加几片姜和1汤匙料酒后大火煮开，捞出备用。

4 将葱、蒜、干辣椒分别切碎末备用。

5 小火热锅，放油，放冰糖，慢慢搅动等其融化。

6 熬出糖色后倒入煮熟的五花肉，不断翻炒，加葱、蒜、干辣椒和八角。

7 爆香后，往锅中加生抽、老抽、料酒、盐和350毫升热水，大火烧开后，转小火慢炖。

8 30分钟后大火收汁，汤汁浓稠后关火盛盘，撒上切好的香菜装饰即可。

营养贴士

五花肉中的优质蛋白质和脂肪酸是我们身体所必需的，经常食用能够增强免疫力，还能够补益气血，对容易贫血的女性朋友来说，有着很好的滋补效果。

这道家常菜肴，入嘴的每一口都勾起回忆。浓郁香甜，肥而不腻，即便是过去多年，也依旧念念不忘。

青椒酿肉

40分钟　简单

主料

青椒250克 · 猪肉末200克 · 鸡蛋1个（约40克）
葱白10克 · 姜3片 · 淀粉10克

辅料

油40毫升 | 生抽1茶匙 | 料酒2汤匙 | 盐1/2茶匙
蚝油1汤匙 | 老抽1/2茶匙

烹饪秘籍

如果想味道更辛辣些，可选择尖椒，但在处理时要先戴好一次性手套，避免辣椒刺激皮肤。

做法

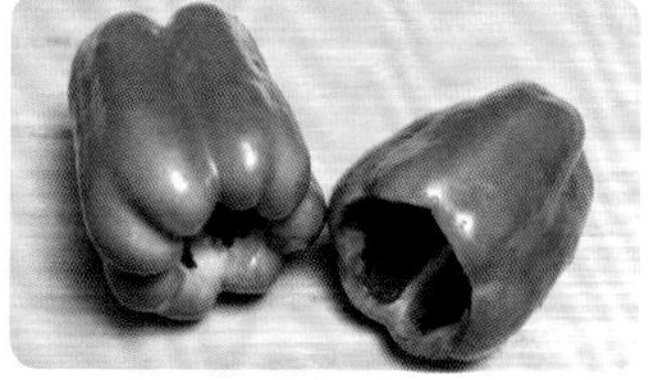

1 将青椒洗净，去蒂，去除里面的白筋和子备用。

2 将葱白、姜切成碎末备用。

3 将肉末放碗中，打入鸡蛋，加葱、姜、盐、料酒、老抽、蚝油和淀粉后搅匀。

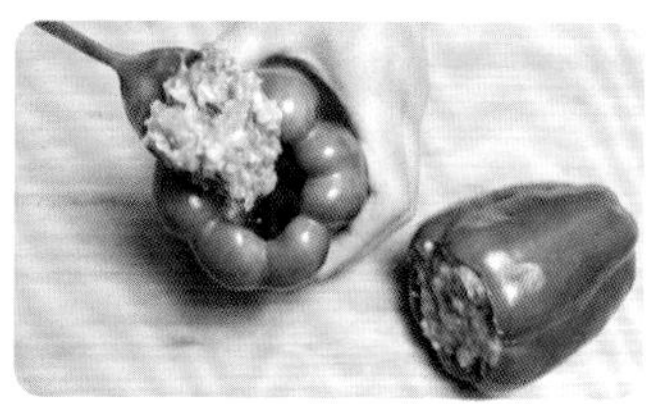

4 将调好的肉馅分别塞入青椒中。

5 取平底锅，放油，小火烧至油热后，依次放入填好肉馅的青椒，转中火。

6 待青椒双面表皮起褶皱后，往锅中加入生抽和150毫升温水，烧开。

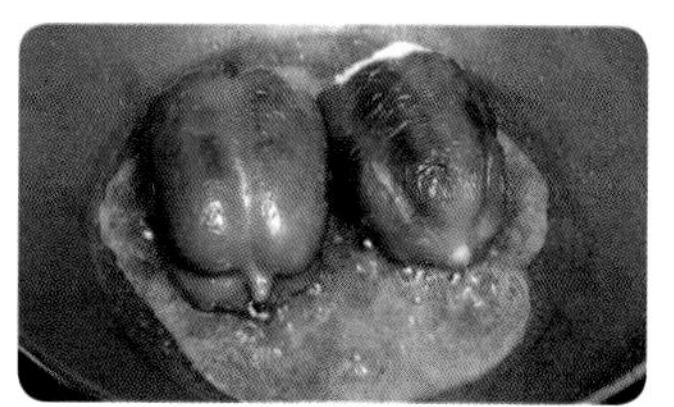

7 出香味后，大火收汁，待汤汁浓稠后关火，即可出锅。

营养贴士

青椒向来以丰富的维生素而备受人们的喜爱，其特有的辣椒素不但能提升食欲、促进消化、加快脂肪代谢，还可以缓解疲劳、增强体力，特别适合每天忙碌的上班族食用。

当青椒遇上肉末，就成了最解馋的一道佳肴，
微辣中浓香四溢，清爽不油腻，下饭更给力。

别样浓郁日式风

香葱厚蛋烧

15 分钟　简单

主料

鸡蛋4个（约200克）· 小香葱100克 · 火腿60克

辅料

油20毫升 | 盐1/2茶匙

烹饪秘籍

制作厚蛋烧过程中，建议全程用中小火，待蛋液半凝固状态时就要卷起，否则口感容易变老。

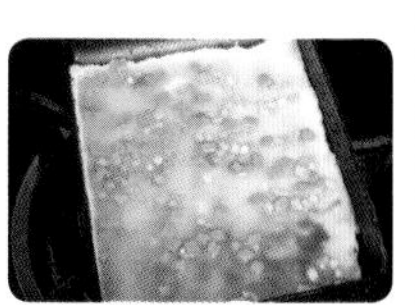

做法

1 将鸡蛋打入碗中，打散搅匀备用。

2 将香葱洗净，切成碎末；火腿切成碎丁。

3 将葱末和火腿丁倒入蛋液中，加盐和适量清水，搅拌均匀。

4 取厚蛋烧锅，用刷子在锅底刷一层油，小火烧热后，倒入1/5蛋液。

5 晃动锅子，使蛋液分布均匀，待呈半凝固状态时，从里往外卷起，推至一边。

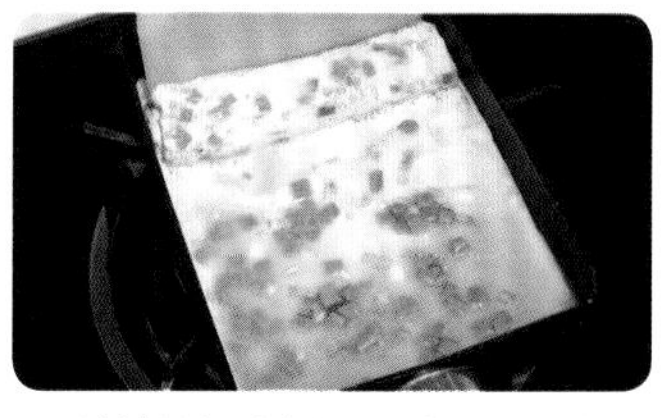

6 继续往锅中倒入蛋液，待呈半凝固状态，从外往里卷起，推至一边。

7 依次重复上述步骤，直至蛋液用完。

8 卷起厚蛋烧，出锅，切块即可。

营养贴士

鸡蛋的营养天下皆知，其富含优质蛋白质、维生素、钙、铁、锌等多种人体所需的营养元素，不但能够安神静气、改善记忆力，还可以滋补身体，提高新陈代谢，增强免疫力。

这道日式风格的煎蛋，不但滋味浓郁、口感鲜嫩、营养丰富，而且简单好上手，一点也不耽误时间，特别适合匆忙的上班族。

天然减脂好帮手

蒜蓉西蓝花

15 分钟　简单

主料

西蓝花300克 · 胡萝卜40克

辅料

油20毫升 | 盐1/2茶匙 | 蚝油2茶匙 | 大蒜5瓣

做法

1 将西蓝花分朵后洗净，胡萝卜去皮后切薄片，大蒜切碎粒。

2 净锅煮水，加少许盐和油，大火煮开，倒入西蓝花和胡萝卜，焯1分钟后捞出沥干。

3 起锅放油，小火烧热后放入蒜粒，炒香后加盐、蚝油和少量清水。

4 往锅中倒入焯好的西蓝花和胡萝卜，均匀翻炒3分钟后，关火出锅即可。

营养贴士

西蓝花热量极低，具有很强的饱腹感，所以被很多人用来做减肥餐。此外，西蓝花富含多种维生素和微量元素，能强身健体，增强抗病能力。

烹饪秘籍

建议在焯西蓝花的沸水中加入少量盐和油，这样既可以保持西蓝花的亮丽色泽，也能最大限度保留其营养。

这道菜颜值清新、滋味清爽，打开饭盒的瞬间，浓郁的蒜香便会扑鼻而来。用它做便当，健康营养更饱腹。

此菜上桌即光盘

干煸四季豆

30分钟　简单

主料

四季豆500克 · 干辣椒2个 · 猪肉末50克

辅料

葱5克 | 蒜3瓣 | 花椒5克 | 油30毫升 | 盐1/2茶匙
蚝油1汤匙 | 生抽1茶匙 | 白糖1茶匙

烹饪秘籍

在烹饪过程中，一定要确保四季豆百分之百熟透，切勿因贪恋色泽而夹生，否则吃了容易中毒。

做法

1 将四季豆掐头去尾，去筋处理，洗净后切等分长段备用。

2 将葱、蒜、干辣椒分别切碎末备用。

3 小火热锅，放油，倒入四季豆段，转大火油炸，表皮褶皱变软后，捞出控油。

4 锅内留油，下猪肉末翻炒，炒香后放葱、蒜、辣椒、花椒。

5 往锅中倒入油炸后的四季豆，翻炒均匀，加盐、生抽和蚝油，继续翻炒。

6 快起锅时加白糖，搅匀后关火，即可出锅。

营养贴士

四季豆中含有天然的皂苷和多种球蛋白物质，能够增强身体的抗病能力。如果夏季食用，还可以清热消暑、提升食欲，对消除胀气也有很好的效果。

这道菜口感清脆、滋味香辣，食欲不好时，炒一盘配米饭，绝对让你胃口大开。

素菜中的精细者

红烧茄子

40分钟　中等

主料

茄子400克 · 青椒150克 · 番茄80克

辅料

葱白5克 | 姜5片 | 蒜4瓣 | 油30毫升 | 盐1茶匙 | 白糖1茶匙 | 料酒1汤匙 | 醋2汤匙 | 酱油1汤匙 | 淀粉20克

烹饪秘籍

提前将茄块用盐水浸泡，去涩味的同时还能防止茄子氧化变色，而且用盐水浸泡后的茄子会变软，下锅油炸时，吸油会少很多。

做法

1　将茄子去蒂后洗净，削皮，切细长条块。

2　取菜盆放冷水，加1/2茶匙盐后倒入茄块浸泡，15分钟后捞出，挤干水分，撒上薄淀粉。

3　将青椒、番茄洗净后切块备用，葱、姜、蒜切碎末备用。

4　取小碗，加酱油、料酒、醋、白糖和1/2茶匙盐，调制味汁备用。

5　净锅倒油，小火烧至油七成热时，倒入茄块，炸至金黄后捞出。

6　锅内留底油，倒入葱姜蒜爆锅，放青椒和番茄块翻炒。

7　番茄出汁后，倒入调好的味汁，小火烧开，放入炸好的茄块。

8　翻炒茄块，大火收汁，待汁液浓稠后关火即可。

营养贴士

茄子中含有丰富的维生素P，这种营养元素对于保护心血管有着很好的效果。除此之外，它还含有大量的维生素E，常吃能够延缓衰老。

茄香四溢，味美多汁，这道传统佳肴素来以精细出名，用料虽多，但操作起来却很简单，你不妨试试看。

简简单单出好味

蚝油菜心

20分钟　简单

主料

菜心400克 · 红辣椒2个

辅料

葱10克｜蒜5瓣｜油20毫升｜盐1/2茶匙
蚝油1汤匙｜生抽1茶匙｜淀粉10克

烹饪秘籍

❶ 烫菜心时加点盐和油，可以锁住菜心的颜色和营养。
❷ 心焯水后及时过凉白开，口感更清脆。

做法

1 将菜心切除底部根茎，洗净后放入冷水中浸泡，3分钟后捞出，沥干备用。

2 将红辣椒洗净，切细丝备用；葱切丝，蒜切碎末备用。

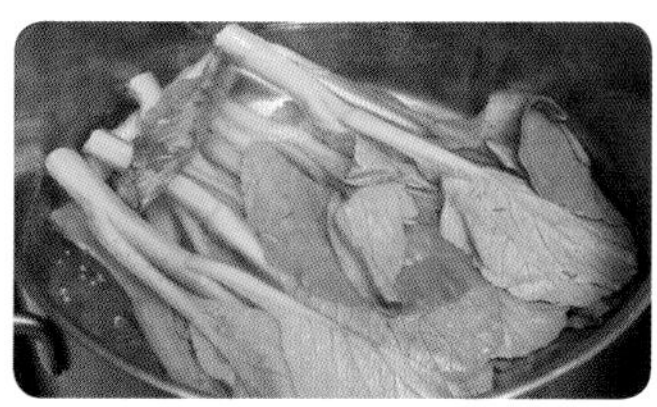

3 净锅煮水，加少许盐和油烧开，放入洗净的菜心，茎部先下锅，焯30秒。

4 将菜心捞出后立即用凉白开冲洗，装盘，放上葱丝和红辣椒。

5 锅内放油，油热后倒入蒜末炒香，加蚝油、生抽以及小半碗清水。

6 大火煮开后，倒入淀粉勾芡，烧至汤汁变稠。

7 关火，将浓稠的汤汁均匀淋在菜心上，即大功告成。

营养贴士

清清淡淡的蚝油菜心含有丰富的维生素、膳食纤维、钙、磷、铁等营养物质，常吃有助于增强免疫力，预防贫血。夏季食用还可以清热解暑呢。

油亮的色泽，清爽的口感，浓郁的汤汁，这道素菜看上去就让人食欲大振，营养又美味。

素菜届的营养王

香菇油菜

20分钟　简单

主料

油菜250克 · 鲜香菇150克

辅料

葱白10克 | 姜5克 | 蒜3瓣 | 油20毫升 | 盐1/2茶匙
蚝油1汤匙 | 淀粉10克 | 香油1茶匙

营养贴士

香菇脂肪含量低而蛋白质含量高，与含有大量维生素C、钙、铁等营养素的油菜搭配，能够强身健体、增强免疫力，还能够促进肠胃消化，起到减肥瘦身的效果。

做法

1 将油菜洗净，放入淡盐水中浸泡，3分钟后捞出，沥干备用。

2 将香菇洗净，切块备用；葱切丝，姜、蒜切碎末备用。

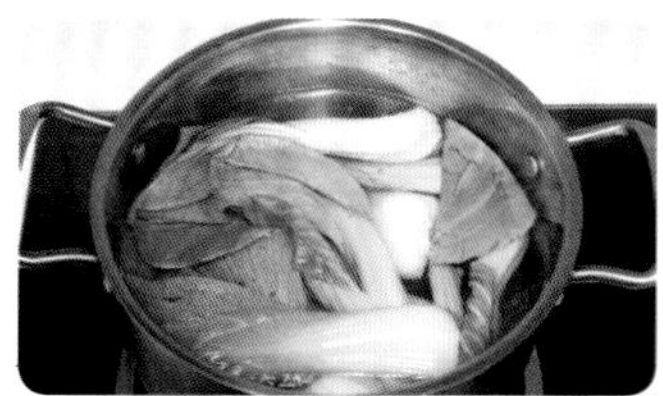

3 净锅煮水，加少许盐和油烧开，放入洗净的油菜，让茎部先下锅，焯30秒。

4 将油菜捞出后立即过凉白开，装盘，放上葱丝。

5 锅内放油，油热后倒入姜末、蒜末炒香，加蚝油后倒入香菇翻炒。

6 加半碗清水，盖锅盖，大火煮开，放盐，倒入调好的水淀粉勾芡，收汁，加香油搅匀。

7 关火，将香菇和浓稠的汤汁均匀淋在油菜上即可。

烹饪秘籍

油菜和其他绿叶菜一样，极容易失去水分而变黄、变软，建议用淡盐水浸泡以及焯水后及时过凉白开，可以保持其亮丽的色泽和清脆的口感。

油菜清爽鲜嫩，香菇浓郁嫩滑，这道看上去就健康无比的菜肴，能够调节膳食平衡，让你的便当也能吃出好营养。

外酥里嫩香飘飘

牛肉小酥肉

40 分钟　简单

主料

牛里脊肉300克 · 木薯粉100克 · 鸡蛋3个（约150克）

辅料

油50毫升 | 胡椒粉1/2茶匙 | 盐1/2茶匙
花椒粉1/2茶匙 | 生姜10克 | 料酒1汤匙

烹饪秘籍

建议选择木薯粉替代淀粉或者面粉来挂糊，这样吃不完的小酥肉要是下锅煮汤时，口感会更加嫩滑细腻。

做法

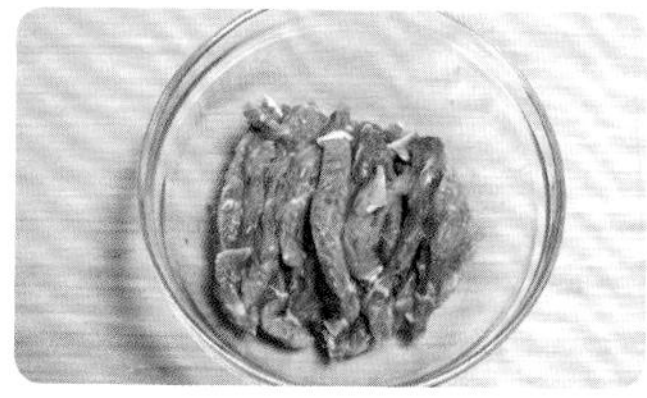

1 将牛里脊肉洗净后切成细长条，放入汤盆备用。

2 生姜去皮后切成碎末，加入牛肉条中，加胡椒粉、盐、料酒、花椒粉，搅拌均匀。

3 取小碗打入鸡蛋，蛋液打散后，将木薯粉倒入其中，搅拌均匀。

4 将混合了蛋液的木薯浆倒入牛肉条中，搅拌均匀，充分挂浆。

5 起锅放油，中火烧至七成热后，将牛肉条一根根下锅煎炸。

6 小火炸5分钟后，捞出控油。

7 将全部炸好的牛肉条一起再次下锅复炸，中火炸至金黄色。

8 5分钟后关火，出锅装盘即可。

营养贴士

很多运动员或者健身人士都会选择吃牛肉来强健身体，牛肉中富含肌氨酸，可以促进肌肉生长，而且天冷时食用牛肉，还有着暖胃补气、抗病抗寒的效果呢。

小酥肉几乎是每家必备的待客小吃，特别是刚出锅时，香酥脆嫩，只要吃过一次便再也不会忘记了。

秋冬进补营养汤

番茄牛尾汤

140分钟　中等

主料

番茄300克 · 牛尾500克

辅料

料酒1汤匙 | 醋1汤匙 | 盐1茶匙 | 姜4片 | 枸杞子15克
五香粉1/2茶匙

营养贴士

秋冬时节，一碗热乎乎的番茄牛尾汤入肚，不但可以暖身暖胃，还能够强筋健骨、提高免疫力。与此同时，番茄对调理肠胃、降低胆固醇也有着很好的作用。

做法

1 牛尾洗净，用刀斩块，倒入清水中浸泡30分钟。

2 净锅放水，倒入牛尾骨块，加入姜片、料酒，大火煮开后撇除浮沫，捞起沥干。

3 番茄洗净，去皮后切块；枸杞子洗净，浸泡备用。

4 再次净锅放冷水，倒入焯过的牛尾骨块，加醋，放入枸杞子和五香粉。

5 大火煮滚后转小火，1小时后放入切好的番茄块。

6 煮30分钟后加盐调味，关火出锅。

烹饪秘籍

❶ 牛尾定要大火焯水，撇净浮沫后再煮汤，这样不但能够去除腥味，还能够沥出肥油。

❷ 在汤中加入点醋，可以把牛尾骨中的营养物质彻底溶解到汤里，喝起来更有营养。

这道汤品看上去就让人充满食欲，搭配了酸爽的番茄，滋味浓郁鲜美，既没有了牛尾骨的浓重腥味，而且喝起来一点也不油腻。

简简单单好滋味

紫菜蛋花汤

15分钟　简单

主料

紫菜5克 · 鸡蛋2个（约80克）· 香葱20克 · 姜3片

辅料

油10毫升 | 盐1/2茶匙 | 生抽1茶匙 | 香油2滴

营养贴士

紫菜的碘含量高，常吃能够预防甲状腺肿大，且富含胆碱和钙、铁等营养元素，能够补气养血、增强记忆力。鸡蛋中的蛋白质极易被身体吸收，每天吃一点，强身健体精神好。

做法

1 将紫菜浸泡2分钟后，洗净、撕碎，备用。

2 香葱洗净，葱白切碎末，叶切葱花；姜切碎末。

3 将鸡蛋磕入碗中，加一点盐，顺时针打散后备用。

4 净锅放油，小火烧至油热，倒入葱白碎、姜末炝锅，炒香后加400毫升清水。

5 大火烧开后，倒入泡好的紫菜，加盐、生抽，慢慢搅散。

6 3分钟后，将碗中蛋液顺时针淋入锅中，迅速搅散成蛋花。

7 搅匀后关火，滴入香油，撒上葱花，即可盛出。

烹饪秘籍

2个鸡蛋无须用打蛋器，加点盐，用筷子沿着碗边顺时针即可轻松打散。

这道蛋花汤，即便厨艺零基础也能完美驾驭，而且营养一点也不逊色，好喝更滋补。

丝瓜鸡蛋木耳汤

20 分钟　简单

主料

丝瓜150克 · 鸡蛋2个（约100克）· 干木耳10克
虾皮20克

辅料

油10毫升 | 葱白10克 | 盐1/2茶匙 | 鸡精1/2茶匙

烹饪秘籍

木耳用温水泡发更省时间，如果时间足够，用凉水泡发也可以。泡发后的木耳一定要清洗干净再食用。

做法

1 将丝瓜去蒂后，洗净、去皮，切滚刀块；葱白切细碎。

2 取汤碗，倒入温水，放入干木耳泡发，洗净后捞出，撕成小朵。

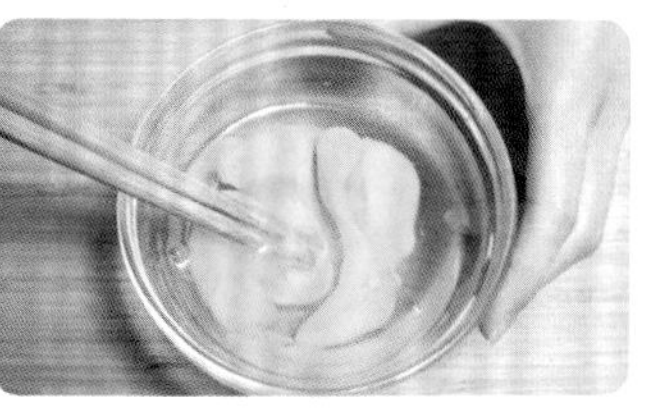

3 把鸡蛋磕入碗中，加盐，顺时针打散后静置。

4 热锅放油，倒入蛋液，稍微凝固后，用筷子搅散，盛出备用。

5 锅内留底油，下葱碎炝锅后，倒入丝瓜块和木耳，快速翻炒。

6 往锅中倒入400毫升开水，大火煮沸，下鸡蛋和虾皮。

7 搅拌匀，煮3分钟后放入盐和鸡精调味，关火即可。

营养贴士

丝瓜是特别适合夏日食用的蔬菜，清热消暑、凉血降燥。其所富含的维生素还能够美容护肤，促进细胞的新陈代谢、延缓衰老。

这道快手汤做起来简单省时，喝起来滋味清鲜，搭配菜饭入肚，让人浑身舒坦，十分满足。

鲫鱼蟹味菇豆腐汤

40分钟　简单

主料

鲫鱼400克 · 蟹味菇100克 · 豆腐150克

辅料

葱10克 | 盐1/2茶匙 | 油30毫升 | 鸡精1/2茶匙
料酒2汤匙 | 姜3片

烹饪秘籍

建议鲫鱼冷油入锅，然后用小火慢煎，不要着急翻面，这样才能保证鱼肉不会散，更香嫩。

做法

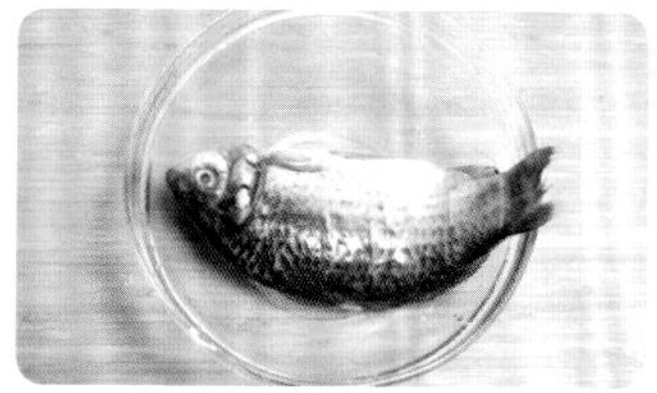

1　将鲫鱼处理洗净后，用刀在鱼背面切几刀，放入汤盘中备用。

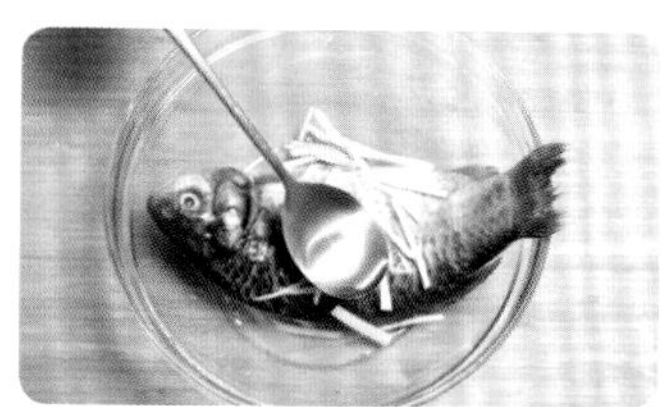

2　葱切段，姜切丝，倒入鲫鱼中，再加入盐和料酒，腌制15分钟。

3　将蟹味菇洗净备用；豆腐冲洗一下，切块备用。

4　取砂锅放油，倒入腌好的鲫鱼，开小火煎，煎至定形后翻面。

5　往锅中倒入500毫升热水，大火煮开后放入切好的豆腐。

6　轻轻搅拌，至煮开后加蟹味菇，再次煮开。

7　加盐、鸡精调味，即可关火。

营养贴士

这道汤脂肪少、热量低，含有丰富的蛋白质和多种维生素，还能补充身体所需的钙、磷等矿物质，强壮骨骼。

鲫鱼的肉质鲜嫩香滑，与蟹味菇和豆腐熬成汤后，喝起来浓郁鲜美，营养更全面。

排骨玉米汤

60 分钟　简单

主料

排骨250克 · 玉米200克 · 胡萝卜100克

辅料

葱10克 | 姜10克 | 料酒2汤匙 | 盐1/2茶匙
鸡精1/2茶匙 | 花椒3克 | 八角3克

烹饪秘籍

建议选新鲜的水果玉米来做这道汤，滋味香甜清爽，汤汁鲜美不油腻，口感更丰富。

做法

1　将排骨剁块后洗净，冷水浸泡备用。

2　将玉米切小段，胡萝卜洗净、削皮后切滚刀块，葱切小段，姜切片备用。

3　净锅，冷水下排骨块，加料酒，大火煮沸后，倒掉水和血沫。

4　重新注入开水，加姜片、葱段、花椒、八角，继续大火煮开，转中火慢炖。

5　20分钟后，往锅中倒入胡萝卜和玉米，煮开后转小火。

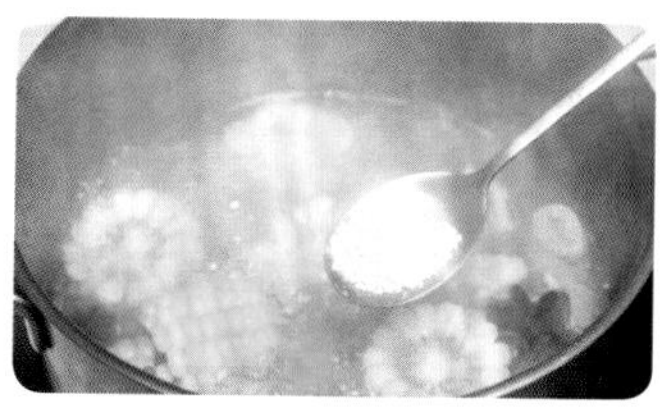

6　炖煮30分钟后，加盐和鸡精调味，关火出锅就可以啦。

营养贴士

减肥人士最爱的就是玉米了，其含有丰富的维生素和膳食纤维，不但能够减脂瘦身、美容养颜，还能够降低血液中的胆固醇，清理血管。与排骨和胡萝卜搭配更是营养全面。

这道喝起来香甜醇美的靓汤，其烹饪的灵魂就一个字："炖"。让你简简单单就能享受到食材最本真的味道。

碧绿清爽解油腻

菠菜肉丸汤

30分钟　简单

主料

菠菜300克 · 牛肉150克 · 鸡蛋1个（约40克）

辅料

葱5克 | 姜2片 | 生抽1茶匙 | 盐1/2茶匙
料酒1汤匙 | 十三香1/2茶匙 | 淀粉10克

做法

1　将菠菜择好后洗净，切长段；葱、姜切碎末备用。

2　将牛肉剁成肉泥，加鸡蛋清、葱、姜、生抽、料酒、十三香、盐和淀粉，充分搅匀。

3　净锅倒入800毫升清水，大火煮到水微沸后，将肉馅攒成一个个肉丸下锅，适当搅拌。

4　煮开后转中火，倒入切好的菠菜段，再次煮开后加盐调味，即可关火出锅啦。

营养贴士

菠菜中富含维生素A、铁、膳食纤维等营养成分，常吃可以预防贫血、保护视力，搭配牛肉丸则可以补充人体能量，缓解疲劳，让你更有精力投入工作中。

烹饪秘籍

在牛肉馅中磕入鸡蛋清，可以更好地保证其嫩滑的口感，加点淀粉则可以增加肉馅的黏性，让其更好攒成肉团。

吃多了大鱼大肉之后，来道绿油油的丸子汤，清淡少油更解腻，暖胃还能增体力。

爱美女孩的挚爱

鸭血菠菜汤

30分钟　简单

主料

鸭血150克 · 豆泡100克 · 菠菜100克 · 香菜10克

辅料

葱白10克 | 姜5片 | 生抽1汤匙 | 油20毫升
盐1/2茶匙 | 料酒2汤匙 | 胡椒粉1茶匙

烹饪秘籍

这道汤的关键就是去除鸭血的腥味，浸泡时加料酒，焯水时加姜和料酒都是为了去腥，另外鸭血属于凉性食材，姜可以多放些。

做法

1　将鸭血切成大小适中的方块，放入水中，加部分料酒和盐，浸泡10分钟去腥味。

2　取豆泡，每个对切成四小份；葱切碎末，取少量姜切碎，剩余姜片备用。

3　分别将菠菜和香菜择好，洗净后去除根部，香菜切成小段。

4　煮一锅开水，倒入菠菜焯2分钟后捞出。

5　净锅煮水，冷水倒入鸭血，加姜片和料酒，煮开后捞出，沥干水分。

6　复起锅，放油，小火烧热后，用葱姜末炝锅，倒入500毫升清水，转大火煮开。

7　往锅中倒入鸭血和豆泡，转小火煮开，加菠菜。

8　煮2分钟后，加生抽、盐、胡椒粉调味，最后加香菜，关火出锅。

营养贴士

鸭血含有丰富的铁元素，对女性有着很好的养颜补血效果。此外，多吃鸭血还能够清肠排毒，有利于肠道健康。

这道鸭血菠菜汤虽然在食材上进行了简化，但滋味却丝毫不打折，吃起来同样色香味美，鲜嫩爽滑。

诱人美味喝上瘾

皮蛋瘦肉粥

50分钟　简单

主料

皮蛋2个（约120克）· 猪瘦肉100克 · 大米50克
香葱20克

辅料

油20毫升 | 姜5片 | 盐1/2茶匙 | 生抽1/2汤匙
料酒1汤匙 | 蚝油1汤匙

营养贴士

皮蛋瘦肉粥由于皮蛋特殊的香味，可以提升人的食欲。夏季食用还可以消暑解热，补充气血。但需要注意的是，皮蛋中含有铅元素，不宜多吃。

做法

1 将大米淘洗干净后倒入电饭煲中，加入500毫升清水，约30分钟后煮熟备用。

2 将皮蛋去皮，用凉水冲洗后切成小碎块备用。

3 将香葱洗净，取葱白切成碎末，叶切成葱花；姜切成碎末备用。

4 将猪瘦肉剁成肉末，加葱末、姜末、油、盐、料酒、生抽、蚝油，搅匀腌制。

5 取砂锅，倒入煮好的白粥，加入切碎的皮蛋搅拌，小火熬煮。

6 10分钟后，往锅中倒入腌好的肉末，继续搅拌，小火慢熬。

7 3分钟后，撒入葱花关火，香喷喷的美味粥即可出锅啦。

烹饪秘籍

❶ 一定要将大米粥煮到发稠时再关火，这样熬出来的皮蛋瘦肉粥才浓香。

❷ 在用砂锅熬粥的过程中，如果出现水不足，可添加开水，不要用冷水，否则影响口感。

这道散发着诱人味道的粥品，有着皮蛋的咸香，吃起来浓稠顺滑，堪称“咸粥界的美味之王”。

粥中极品，当之无愧

鲍鱼粥

60分钟　简单

主料

鲍鱼200克 · 大米50克 · 糯米10克 · 小香葱10克 · 姜4片

辅料

料酒2汤匙 | 盐1/2茶匙 | 香油1茶匙 | 鸡精1/2茶匙

营养贴士

鲍鱼的营养不可小觑，其富含二十多种氨基酸和蛋白质、钙、铁等营养元素，可有效提高免疫力，对高血压也有着很好的调节作用。

做法

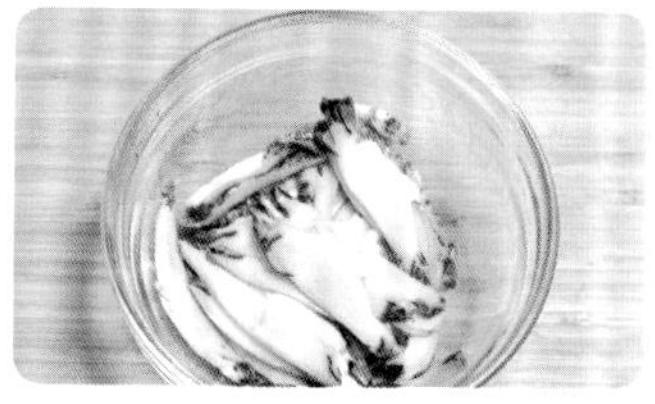

1　将鲍鱼壳肉分离后洗净，去除内脏后切成小薄片备用。

2　将葱白切碎末，叶切葱花；姜切丝备用。

3　将大米、糯米淘洗干净后，冷水浸泡备用。

4　净锅煮水，加葱末、姜丝和料酒煮开后倒入鲍鱼，焯2分钟后捞出，过凉白开备用。

5　取砂锅注入800毫升纯净水，倒入浸泡后的大米和糯米，大火煮开，转小火熬煮。

6　20分钟后，倒入焯好的鲍鱼，继续小火慢煮。

7　30分钟后，加盐、香油和鸡精调味，撒上葱花后就可关火出锅啦。

烹饪秘籍

在大米中加点糯米熬粥，可以让粥更软糯稠密，煮出来有着入口即化的效果。

鲍鱼嫩滑鲜美，白粥入口即化，这道极其珍贵的粥品，黏稠好消化，养胃更补身。

美味更具高颜值

西葫芦鲜虾粥

50分钟　简单

主料

西葫芦200克 · 大米60克 · 胡萝卜80克 · 鲜虾100克

辅料

姜3片 | 料酒1汤匙 | 盐1/2茶匙 | 鸡精1/2茶匙

烹饪秘籍

鲜虾的腥味较重，焯水时加盐、料酒和姜片可有效去除腥味，但时间不要久，否则变老影响口感。

做法

1　分别将西葫芦、胡萝卜洗净，西葫芦切成细丁，胡萝卜去皮后切成细丁。

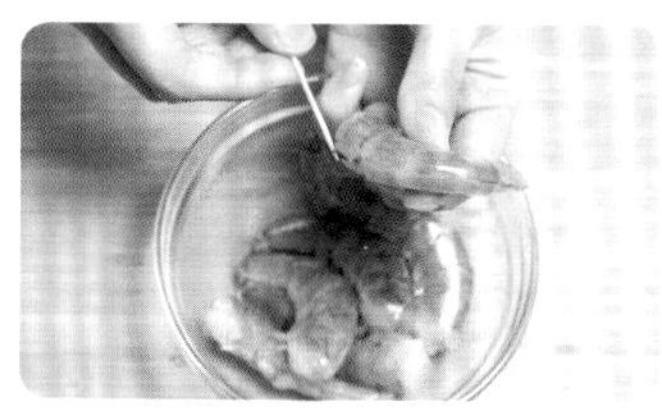

2　将鲜虾洗净，去头、去尾后剔除虾线，放入碗中备用。

3　将大米淘洗干净后，冷水浸泡30分钟。

4　取砂锅煮水，加少量盐、料酒和姜片，大火煮开后倒入鲜虾。

5　3分钟后煮出虾青素，立即捞出，放凉，去虾皮，留虾仁备用。

6　复起锅，倒入800毫升纯净水，放入浸泡过的大米，开大火煮开。

7　米开花后，往锅中加虾仁、西葫芦丁和胡萝卜丁，转小火继续熬煮。

8　15分钟后，加盐和鸡精调味，待米粥稠匀后即可关火出锅。

营养贴士

西葫芦是减肥的好选择，不但热量低，还可以消水肿、润肌肤，与蛋白质丰富的虾肉搭配熬粥，瘦身的同时更能补充营养，增强人体免疫力。

这道营养粥不但喝起来鲜美无比，看起来更是十分诱人，绝对能够满足“颜控”的你。

药食两用养肠胃

八宝山药粥

80 分钟（除去浸泡时间） 简单

主料

山药150克 · 糯米30克 · 薏米30克 · 黑米20克
红豆20克 · 绿豆20克 · 莲子15克 · 花生仁15克
枸杞子15克

辅料

白砂糖2汤匙

烹饪秘籍

如果介意莲子的苦味，可将苦心去除后再煮，但莲子心有很好的清火功效，上火的人建议保留。

做法

1 提前1晚将糯米、薏米、黑米、绿豆、红豆、花生仁、莲子淘洗干净后，冷水浸泡。

2 将山药去皮后洗净，切滚刀小块备用；枸杞子洗净备用。

3 净锅加2000毫升清水，放入花生仁和莲子，煮开后倒入糯米、红豆、薏米、黑米、绿豆。

4 大火煮开后，再转中火熬煮15分钟，加入切好的山药块和枸杞子，继续熬煮约40分钟。

5 等米粥浓稠、山药熟透后，加白砂糖搅匀，关火就可以出锅了。

营养贴士

常吃山药可长寿，这话不假，山药能够健脾胃、补肾气，还可以延缓衰老，与红豆、绿豆、莲子等熬八宝粥，更是可补血安神，让人元气满满、精神好。

滋味香甜软糯，入口平和爽滑，这道药食两用的粥品特别适合肠胃不好的朋友食用。

减肥又消食

山楂红豆粥

60 分钟（除去浸泡时间）　简单

主料

山楂100克 · 大米50克 · 红豆30克

辅料

冰糖15克

营养贴士

山楂能够减肥消脂，开胃促消化，但生吃的滋味太酸了，搭配红豆和大米一起熬粥，不但营养不会流失，味道也更容易让人接受。本粥由于红豆的加入，还能消肿祛湿，更利于美容瘦身哟。

做法

1 将山楂洗净后去蒂，对半切开，去核，备用。

2 将大米、红豆淘洗干净后，放入冷水浸泡2小时。

3 取砂锅，倒入800毫升清水，放入大米和红豆，大火煮开后，转小火熬煮30分钟。

4 米开花后倒入处理好的山楂和冰糖，继续熬煮20分钟。

5 待粥品浓稠时就可以关火出锅啦。

烹饪秘籍

冰糖不易溶化，建议与山楂同步放入，这样甜味会充分浸透粥中。

这道粥品的滋味，只要想起来就会垂涎欲滴。淡淡的果香，酸甜的口感，一碗下肚，好吃解腻更开胃。

喝出快乐好心情

南瓜红枣汤

40分钟　简单

主料

南瓜300克 · 红枣50克

辅料

白砂糖1汤匙

营养贴士

女性多吃南瓜真是明智之举，不但能够减肥瘦身、降血糖，搭配红枣食用，还能美容养颜、补气血。南瓜中含有的维生素B_6，能够有效改善人的抑郁情绪，给你带来快乐好心情。

做法

1　将南瓜去皮、去瓤后，切成大小适中的方块。

2　红枣冲洗后，用温水浸泡一会儿，捞出去核。

3　净锅煮水，放入红枣，大火煮开。

4　加入切好的南瓜块，继续熬煮至南瓜软烂。

5　加入白砂糖，搅匀后即可关火出锅。

烹饪秘籍

如果是女性朋友食用，可以用红糖替代白砂糖，补气养血，营养也更全面。

南瓜的软糯，红枣的香甜，搭配在一起，让这道汤的滋味和颜值一样美妙，喝完之后身体舒畅无比。

冬瓜蛤蜊羹

40 分钟　简单

主料

冬瓜150克 · 蛤蜊50克 · 鸡蛋1个（约50克）

辅料

盐1/2茶匙 | 葱白5克 | 姜4片 | 料酒2汤匙
香油3毫升

营养贴士

富含营养物质的蛤蜊，不但能够降低人体的胆固醇，还能够除烦降燥、调节情绪，搭配冬瓜和鸡蛋，更是能够润肤美容、清热解暑，是炎热夏季的不二之选。

做法

1 将冬瓜去皮后切小块，葱切段，备用。

2 将已经吐过沙的蛤蜊用清水冲洗净备用。

3 将鸡蛋磕入碗中，顺时针打散备用。

4 净锅煮水，加葱段、姜片和料酒，大火煮开。

5 倒入蛤蜊，等开口后捞出蛤蜊和葱姜，留汤备用。

6 将煮熟的蛤蜊放凉后取出蛤蜊肉，切细碎。

7 将冬瓜块倒入备好的蛤蜊汤中，大火煮开，至冬瓜变软、透明。

8 倒入切好的蛤蜊肉，继续煮开后加入打散的蛋液。

9 煮2分钟后加盐和香油调味，关火出锅。

烹饪秘籍

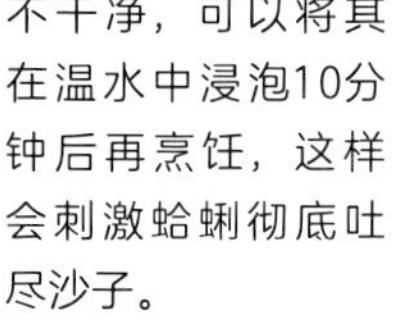

如果觉得蛤蜊吐沙不干净，可以将其在温水中浸泡10分钟后再烹饪，这样会刺激蛤蜊彻底吐尽沙子。

蛤蜊价廉物美，最好吃的做法就是做汤。这道冬瓜蛤蜊羹鲜美十足，滋味浓郁，充分保留了蛤蜊的原汁原味，让你一次鲜个够。

满满都是维生素

青菜豆腐羹

30分钟　简单

当肠胃不舒服时，这道羹品绝对是首选，汤汁爽滑，滋味香美，易于消化，让你的肠胃无负担。

主料

青菜150克 · 嫩豆腐150克 · 虾皮30克

辅料

油20毫升 | 葱白5克 | 盐1/2茶匙
胡椒粉1茶匙 | 淀粉2汤匙 | 香油3毫升

营养贴士

青菜中的维生素可以让肌肤变得光滑滋润，而豆腐不但能够补钙，还可以保护皮肤、延缓衰老，特别适合常年面对电脑屏幕的上班族们。

做法

1　将青菜洗净，切细碎；嫩豆腐洗净，切细丁；葱白切细碎，备用。

2　将虾皮放入清水中浸泡一会儿，捞出沥干备用。

3　锅内放油，小火烧热后，加葱碎炝锅，倒入600毫升清水。

4　倒入浸泡后的虾皮，加调好的水淀粉，搅匀后倒入豆腐丁。

5　中火煮开后倒入青菜碎，搅匀。

6　加盐和胡椒粉调味，滴入香油后关火，即可出锅。

烹饪秘籍

将虾皮放入冷水浸泡后再食用，可以有效去除虾皮中的腥味，让豆腐羹的滋味更纯正。

现做的便当营养美味

◢ 随着技术的进步，很多新型的便当盒被研发出来，能够更好地满足带饭一族的需要。其中最受欢迎的当属焖烧杯和电热饭盒啦。这两种类型的便当盒进一步节省了便当的烹饪时间，而且很多半加工的菜品也完全可以携带了。

◢ 需要注意的是，并不是所有的饭菜都适合用焖烧杯或者电热便当盒来制作，所以切不要盲目选择菜单。这一章介绍的 10 款焖烧杯菜品和 10 款电热便当，都是在充分考虑了营养和美味兼得的情况下，经过实验，可以保证效果的。天气转凉的时候，不妨尝试看看。

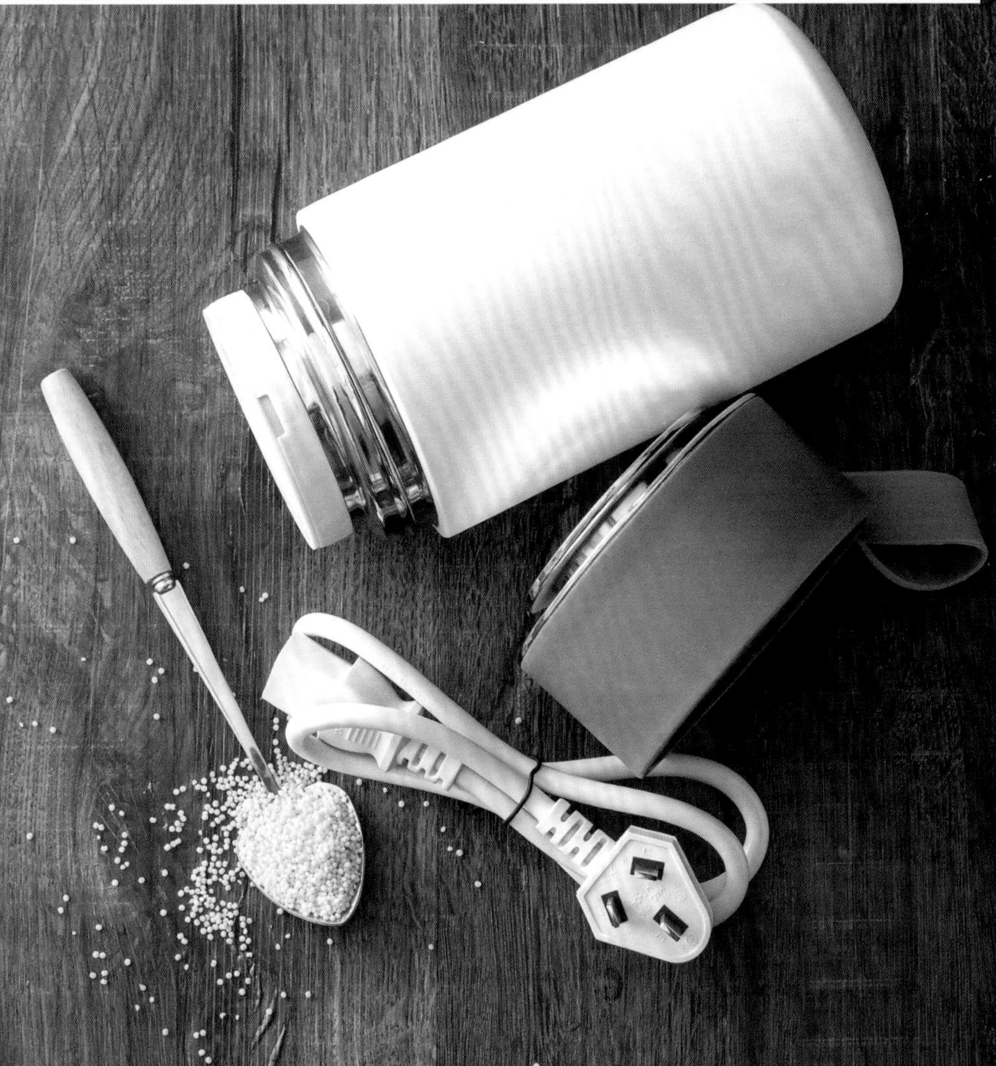

色味双全

五彩香肠饭

10 分钟（不含焖煮和米浸泡时间）

简单

香糯的米饭，酥软的胡萝卜丁和西葫芦丁，配上咸香的香肠丁，这款焖出来的美味，色泽靓丽，绝对是美食控的挚爱。

主料

大米50克 · 胡萝卜40克
西葫芦40克 · 香肠20克

辅料

盐1/2茶匙 | 香油1茶匙 | 鸡精1茶匙

烹饪秘籍

如果想吃比较清爽的米饭，那么在焖煮食材时，建议不要放太多水，否则容易变得黏稠粘锅。

做法

1 将大米淘洗干净后，放入水中提前浸泡1晚。

2 将胡萝卜、西葫芦洗净，胡萝卜去皮、切碎丁，西葫芦切碎丁；香肠切碎丁备用。

3 另起一锅煮水，水开后倒入焖烧杯中，提前预热5分钟。

4 倒掉热水，将大米、胡萝卜丁、西葫芦丁和香肠丁和100毫升水一起倒入焖烧杯中。

5 盖盖，焖煮7小时以后，加盐、鸡精和香油调制均匀即可食用。

营养贴士

胡萝卜富含多种维生素，尤其是β-胡萝卜素，在身体中可转化成维生素A，能够保护视力。而西葫芦含有丰富的维生素C，能够解烦止渴，缓解工作疲惫。

美容养颜的好物

银耳雪梨燕麦粥

15分钟（不含焖煮时间） 简单

清爽的雪梨，柔软的银耳，配上低热量的燕麦，这款美容养颜的营养粥，爱美的朋友千万不要错过。作为午餐便当，既美味又饱腹。

主料

燕麦150克 · 干银耳1朵（约5克）
雪梨100克

辅料

白砂糖1汤匙

营养贴士

银耳是滋补佳品，常用来恢复体力，常吃还能美白嫩肤。而雪梨是清热润肺的佳品，搭配燕麦一起熬粥，在补充维生素C的同时，还能帮助肠胃蠕动，促进消化，起到减肥瘦身的效果。

做法

1 用温水浸泡银耳，泡发后择成小朵备用。

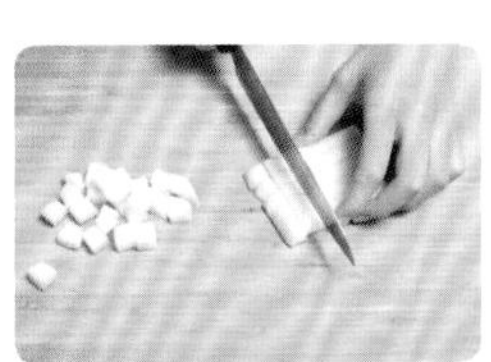

2 雪梨洗净后去皮，切成小碎块。

3 净锅注入300毫升冷水，水开后倒入银耳和雪梨，继续熬煮，直至雪梨变软。

4 另起一锅煮水，水开后倒入焖烧杯中，提前预热5分钟。

5 倒掉焖烧杯中的热水，将煮开的银耳雪梨汤和燕麦一起倒入焖烧杯中。

6 盖盖焖煮7小时以后，加白砂糖即可食用。

烹饪秘籍

白砂糖也可以用冰糖或者黄糖来替代，只需在熬煮银耳雪梨汤的时候一起放进去就可以。

大自然的清新味

田园鸡肉粥

15分钟（不含浸泡和焖煮时间）　简单

主料

大米50克 · 豌豆20克 · 胡萝卜40克
鸡胸肉50克 · 玉米粒50克

辅料

盐1/2茶匙 | 鸡精1/2茶匙 | 料酒1汤匙

烹饪秘籍

豌豆比较难熟，需要提前浸泡，如果介意豆腥味，可以提前过沸水焯一下，这样口感会更好。

做法

1 将大米淘洗干净，放入水中提前浸泡1晚。

2 将玉米粒、豌豆洗净后放入冷水中浸泡。

3 将胡萝卜洗净，去皮、切细丁备用。

4 将鸡胸肉洗净，入净锅中，加适量水、料酒，煮至水开后取出，切成碎丁。

5 另起一锅煮水，水开后倒入焖烧杯中，提前预热5分钟。

6 倒掉热水，将鸡肉丁、大米、豌豆、玉米粒、胡萝卜丁和沸水一起倒入焖烧杯中。

7 加盐、鸡精，盖盖焖煮7小时以后，就可以取出食用啦。

营养贴士

豌豆补肾健脾、清热润肺，常吃可以促进肠胃蠕动。搭配鸡肉、胡萝卜和玉米食用，能够补充身体所需的蛋白质、维生素和微量元素。

这道田园粥滋味清新，口感香软，因为豌豆、玉米和胡萝卜的加入，还有着一股清甜的风味，让人喝完如沐春风。

油焖芦笋小米粥

15 分钟（不含浸泡和焖煮时间）　简单

主料

小米60克 · 芦笋120克 · 茄子120克

辅料

油20毫升 | 盐1/2茶匙 | 酱油1汤匙 | 料酒1汤匙

烹饪秘籍

茄子特别吸油，所以在烹饪之前一定要提前用沸水焯一下，沥干后再用，这样口感也会清爽很多。

做法

1 将小米淘洗干净后，放入水中提前浸泡1晚。

2 将芦笋去除老根，切成小段。茄子去蒂后切滚刀块备用。

3 净锅煮水，水开后倒入茄子焯1分钟，捞出沥干。

4 热锅冷油，倒入芦笋煸炒，变软后放入茄块。

5 加酱油、料酒、盐和50毫升温水，焖煮一会儿。

6 另起一锅煮水，水开后倒入焖烧杯中，提前预热5分钟。

7 倒掉焖烧杯中的热水，将小米与250毫升沸水和焖好的芦笋茄子一起倒入焖烧杯中。

8 盖盖焖煮8小时以后，即可食用。

营养贴士

芦笋中含有丰富的维生素A，可以预防骨质疏松等症。茄子则是有利于降胆固醇、降血压的食物，可以保护心脑血管，增强血管的弹性。

浓香的茄子，清香的芦笋，配上覆盖了一层厚厚米油的小米粥，这道焖烧出来的美食十分有营养，滋味更丰富。

红豆薏米粥

15分钟（不含浸泡和焖煮时间）　简单

主料

薏米20克 · 红豆20克

辅料

白砂糖1汤匙

营养贴士

发胖的原因之一是体内湿气太重。如果把这款红豆薏米粥作为午饭，既可以健肠胃、消水肿，帮助身体排湿，长期食用还能光滑皮肤，减少脱发，预防“聪明绝顶”哟。

做法

1 将薏米和红豆淘洗干净，放入水中提前浸泡1晚。

2 净锅，放入浸泡好的薏米和红豆，加入300毫升冷水，大火煮沸。

3 另起一锅煮水，水开后倒入焖烧杯中，提前预热5分钟。

4 倒掉焖烧杯中的热水，将煮开的薏米红豆及汤水一起倒入焖烧杯中。

5 盖盖焖煮7小时，加白砂糖即可食用。

烹饪秘籍

薏米和红豆浸泡后再焖容易熟，提前把薏米和红豆放入锅中煮开，再倒入焖烧杯中，是为了缩短焖烧时间，这样即便是早上上班前操作，中午饭时也能完全熟得透。

红豆薏米粥素有“消肿神器”之称，但因熬煮时间长，工作忙碌的上班族想吃却没空做。这次用焖烧杯来做，既省事还有美味可享，一举两得呢。

好吃易做更养神

绿豆百合粥

15分钟（不含浸泡和焖煮时间）　简单

主料

大米40克 · 绿豆20克 · 干百合5克

辅料

白砂糖1汤匙

营养贴士

绿豆解暑，百合安神，这道绿豆百合粥可谓是药食两用的滋补佳品，特别适合炎热的夏季享用。工作压力大的时候来一碗，既能抚平情绪、有助睡眠，还能美容养颜呢。

做法

1 将大米和绿豆淘洗干净后，放入水中提前浸泡1晚。

2 将干百合提前放入碗中，加温水浸泡1小时左右。

3 净锅，放入浸泡后的大米和绿豆，加入300毫升冷水，大火煮沸。

4 另起一锅煮水，水开后倒入焖烧杯中，提前预热5分钟。

5 倒掉焖烧杯中的热水，将煮开的大米、绿豆及汤水，还有泡开的百合一起倒入焖烧杯中。

6 盖盖焖煮7小时以后，加白砂糖即可食用。

烹饪秘籍

干百合一定要提前用水浸泡后再食用，而且一定要用温水泡制，这样口感才不会被破坏，营养也能得到最大限度的保留。

这道散发着淡淡清香的粥品香甜软糯，不但营养丰富，而且简单好做，用焖烧杯更是极大节省了时间，再忙也能喝得到。

排骨焖萝卜土豆

40 分钟（不含焖煮时间） 简单

主料

排骨150克 · 土豆100克 · 白萝卜100克

辅料

盐1/2茶匙 | 料酒2汤匙 | 生抽2汤匙 | 老抽1汤匙
生姜5克 | 葱5克 | 油适量

营养贴士

这道排骨焖萝卜土豆特别适合冬天享用，营养丰富，滋补养身。萝卜促消化，能加快脂肪分解，常吃还可预防感冒。土豆富含碳水化合物和膳食纤维，既能给人提供热量，还可通便排毒。

做法

1 将排骨洗净后浸泡15分钟，去除血水，加盐、老抽、生抽、料酒，腌制10分钟。

2 将土豆和萝卜洗净后去皮，切滚刀块，另将切好的土豆块浸泡在水中，备用。

3 将生姜和葱切碎后备用。

4 热锅冷油，烧至温热后，倒入葱姜炝锅，然后倒入腌好的排骨翻炒。

5 倒入300毫升温水，大火煮开。

6 另起一锅煮水，水开后倒入焖烧杯中，提前预热5分钟。

7 倒掉焖烧杯中的热水，将煮开的排骨汤和土豆块、白萝卜块一起倒入焖烧杯中。

8 盖盖焖煮7小时以后，即可食用。

烹饪秘籍

排骨一定要提前浸泡，去除血水，这样才能清洗掉肉腥味，不影响口感。当然，也可以提前过沸水焯，撇除浮沫，冲洗后再继续烹制。

焖烧后的排骨口感更为酥烂，而且长时间焖煮，滋味得到了最大限度的融合，搭配软糯的土豆和萝卜，牙口不好一样吃肉。

入口即化香软糯

芋头炒焖肉

35分钟（不含焖煮时间） 简单

主料

芋头200克 · 猪肉250克

辅料

油20毫升 | 酱油1汤匙 | 料酒2汤匙 | 盐1/2茶匙
醋1汤匙 | 花椒3克 | 葱5克 | 姜3片 | 蒜2瓣

营养贴士

常吃芋头牙齿好，这是因为芋头中含有氟，有着预防龋齿、清洁牙齿的效果。除此之外，芋头中的黏液蛋白能增强人体抵抗力，抗菌消炎。

做法

1 将猪肉洗净后切成小块，加料酒、醋、酱油腌制20分钟。

2 将芋头洗净后去皮，切成滚刀块；将葱姜蒜切碎末备用。

3 热锅冷油，放入葱、姜、蒜和花椒炝锅，爆香后倒入猪肉块煸炒。

4 猪肉发白后，倒入切好的芋头块，加200毫升温水，大火煮开。

5 另起一锅煮水，水开后倒入焖烧杯中，提前预热5分钟。

6 倒掉焖烧杯中的热水，将煮开的芋头和猪肉连带汤水一起倒入焖烧杯中。

7 盖盖焖煮7小时，加盐调味后，即可食用。

烹饪秘籍

一定要选择肥瘦相间的五花肉，这样滋味更香浓，不要担心脂肪的问题，这道菜需要长久焖煮，肥肉中的脂肪在焖煮过程中会逐渐消解掉，安心享用就好啦。

热乎乎的芋头，配上酥软入味的肉块，这道用焖烧杯长时间焖出来的荤菜，入口即化，肥而不腻，滋味浓郁，让你只要想到就会流口水。

软嫩咸香过足瘾

焖烧老豆腐

15 分钟（不含焖煮时间） 简单

主料

老豆腐250克 · 葱10克 · 鸡蛋1个（约50克）

辅料

油30毫升 盐1/2茶匙 黄豆酱2汤匙 鸡精1茶匙

营养贴士

豆腐除了能为身体补充钙质，还可以降低血压、预防心血管疾病，身体虚弱的人常吃还能补充体力，强身健体。

做法

1 将豆腐冲洗一下，切成大小适中的方块，葱切葱花，备用。

2 取小碗，磕入鸡蛋打散，加盐拌匀，静置。

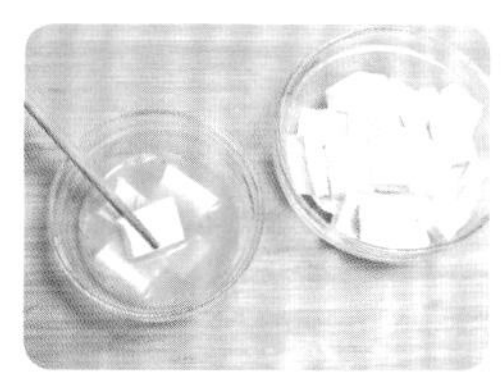

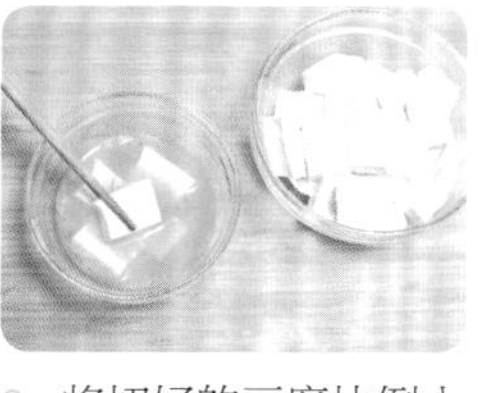

3 将切好的豆腐块倒入蛋液中，涂抹均匀。

4 热锅冷油，烧至温热后，将裹好蛋液的豆腐块放入，煎至两面焦黄。

5 锅内留油，放葱花爆香后，倒入黄豆酱翻炒。

6 倒入煎好的豆腐块，加50毫升温水焖煮一会儿。

7 另起一锅煮水，水开后倒入焖烧杯中，提前预热5分钟。

8 倒掉焖烧杯中的热水，将豆腐块连带汤汁一起倒入焖烧杯中。

9 盖盖焖煮7小时，加鸡精调味后即可食用。

烹饪秘籍

把老豆腐提前裹上一层加了盐的蛋液，不但可以保证豆腐在煎炸时不散，而且长时间焖煮也不会散成一团，更因着鸡蛋的加入，让口感变得嫩软美味。

这道焖烧老豆腐口感软嫩，滋味十足。长久的焖烧让老豆腐有了全然不同的风味，而且做法简单到厨艺小白也能轻松掌控。

五香滋味齐分享

茶叶鹌鹑蛋

15 分钟（不含焖煮时间） 简单

主料

鹌鹑蛋150克 · 红茶15克

辅料

盐1/2茶匙 | 老抽1汤匙 | 酱油2汤匙 | 十三香2茶匙 | 干辣椒5克 | 花椒10克

营养贴士

别看鹌鹑蛋个头小，但营养却一点也不打折，其有着“卵中黄金”的美称，神经衰弱、经常失眠多梦的人常吃，能够抚慰情绪，有着安神的效果。此外，它还可以美肤、护肤呢。

做法

1 将鹌鹑蛋洗好；辣椒洗净，切小段，备用。

2 净锅注水，倒入鹌鹑蛋，大火煮开后捞出放凉，用勺子慢慢敲出裂缝。

3 另起一锅煮水，水开后倒入焖烧杯中，提前预热5分钟。

4 倒掉焖烧杯中的热水，将煮后的鹌鹑蛋和水一起倒入焖烧杯中。

5 加红茶、盐、老抽、花椒、辣椒段、酱油和十三香后盖盖焖煮。

6 7小时以后就可以取出食用啦。

烹饪秘籍

提前把鹌鹑蛋煮熟，放凉后把蛋壳敲破，是为了更好地让滋味渗透进去。如果时间充足，也可以直接剥皮再焖煮。

用红茶煮出来的鹌鹑蛋，滋味咸香，吃起来口感软弹，放点辣椒进去，还可以让味道更富有层次哟。

浓郁茄香飘满屋

豆酱蒸五花肉茄子+蒸红薯

营养贴士

高血压、高胆固醇的朋友可以常吃茄子，茄子中的营养物质可以改善血管的脆性，增强血管的弹性。而红薯富含膳食纤维，能够促进消化，常吃能减肥瘦身。

主菜：豆酱蒸五花肉茄子

40分钟　简单

主料

猪五花肉100克 · 茄子200克

辅料

酱油1汤匙 | 盐1/2茶匙 | 料酒1汤匙 | 葱3克 | 姜2克

蒜2克 | 豆瓣酱1汤匙

做法

1 将五花肉洗净后剁成肉泥，加酱油、盐、料酒腌制10分钟。

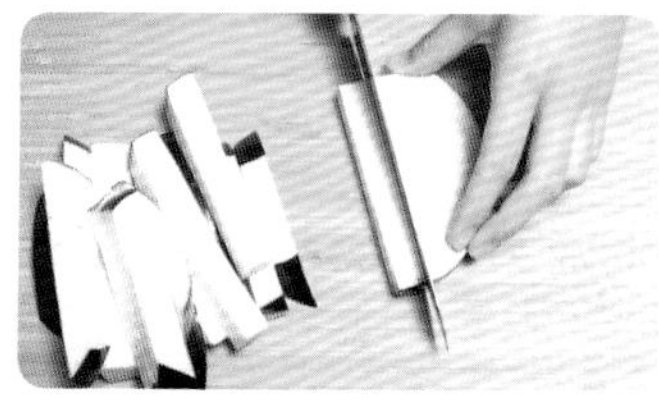

2 将茄子去蒂、洗净，竖切成长条。

3 将葱、姜、蒜剁成碎末备用。

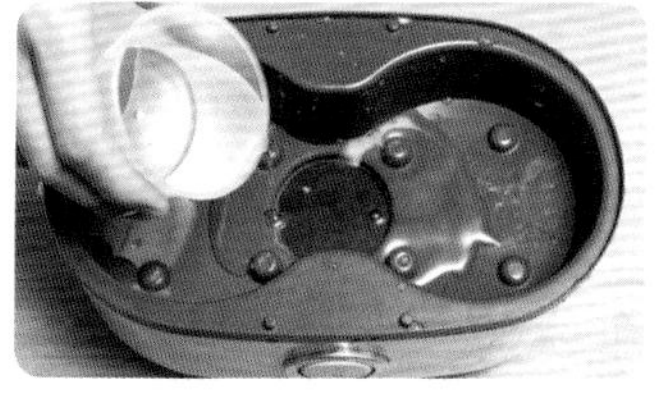

4 将电热便当盒的发热盘里倒入100毫升温水。

5 将茄子放在便当抽屉上，上面均匀铺上豆瓣酱和调好的肉泥酱。

6 加葱、姜、蒜碎末后，启动蒸煮键，20分钟后即可。

主食：蒸红薯

40分钟　简单

主料

红薯150克

辅料

白砂糖1汤匙

做法

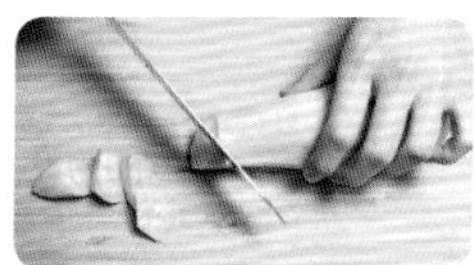

1 将红薯洗净后去皮，切成滚刀块。

2 将便当盒中注入200毫升清水，加入红薯块和白砂糖。

3 将电热便当盒的发热盘里倒入100毫升水，通电30分钟后，即可食用。

豆瓣酱和肉汁的滋味完全浸透在茄子中，这样蒸出来的美味丝毫不亚于焖炒等做法，而且低盐少油，更健康。

烹饪秘籍

如果担心茄子的味道太过浓郁，且喜欢清爽点的口感，可以提前用盐将茄子腌制一下，再挤出水分就可以了。

常吃粗粮更健康

豆角蒸肉丸+蒸粗粮

主菜：豆角蒸肉丸

35 分钟　简单

主料

豆角150克 · 猪肉丸100克

辅料

盐1/2茶匙 | 鸡精1茶匙 | 五香粉1茶匙

做法

1　将豆角洗净后切成小段，备用。

2　将豆角、猪肉丸放入便当盒中，加盐、鸡精、五香粉和100毫升温水。

3　将电热便当的发热盘里倒入100毫升水。

4　通电25分钟后即可食用。

烹饪秘籍

豆角一定要蒸熟再吃，夹生的豆角容易导致食物中毒，影响身体的健康。

主食：蒸粗粮

30 分钟　简单

主料

紫薯120克 · 芋头100克

辅料

白砂糖1汤匙

做法

1　将紫薯和芋头洗净后去皮，切成滚刀块。

2　将便当盒中注入200毫升清水，加入紫薯块、芋头块和白砂糖。

3　将电热便当的发热盘里倒入100毫升水，通电25分钟后即可食用。

营养贴士

豆角能安神养气、减少烦躁，睡眠不太好的人可以常吃豆角。芋头可降血压，而红薯富含膳食纤维，利于消化，这些都是健康食材。

豆角的清香配上猪肉丸的嫩滑，看上去就让人轻松愉悦，毫无负担，而且搭配芋头和红薯等粗粮食用，不健康都不行。

鲜美滋味不打折

蒸小笼包+鲜虾粥

主菜：蒸小笼包

20分钟　简单

主料

半成品小笼包120克

做法

1　将半成品小笼包放在便当抽屉上。

2　将电热便当盒的发热盘里倒入100毫升水，通电20分钟后就可食用啦。

主食：鲜虾粥

35分钟　简单

主料

鲜虾150克 · 熟米饭200克

辅料

大葱10克 | 料酒1汤匙 | 盐1/2茶匙 | 姜2片

做法

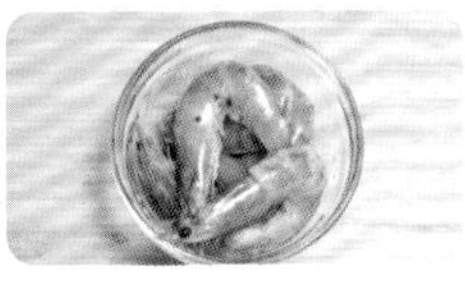

1　将鲜虾洗净后去除虾线，剪掉虾须。

2　将大葱切成碎花，备用。

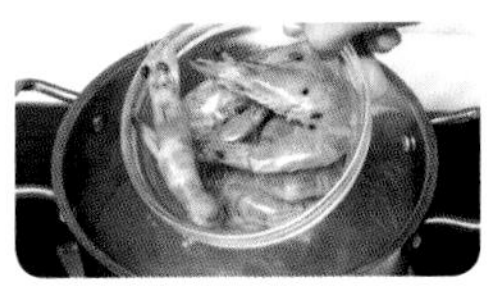

3　净锅煮水，加料酒和姜片，大火煮开后，倒入鲜虾焯2分钟。

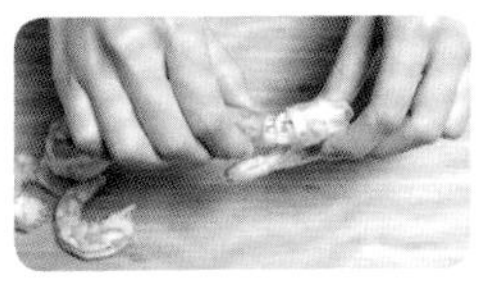

4　捞出过清水冲洗，去掉虾头，剥掉虾壳备用。

5　将米饭、鲜虾、葱花和盐放入便当盒中，加300毫升温水。

6　将电热便当的发热盘里倒入100毫升水，通电20分钟后即可食用。

烹饪秘籍

如果鲜虾的个头有点大，可以在剥除虾壳之后切成大小适中的块，就能让虾的滋味更好地与粥融合，喝起来更可口。

营养贴士

小笼包低油少盐，好消化。而虾富含优质蛋白质，熬成粥后，能够补充身体所需的能量，还可以暖心暖胃、预防感冒。

半成品的小笼包，做起来简单快速、省时省事，配上美味的鲜虾米粥，这套午餐便当好消化，营养也易于吸收。

好色美食诱人味

葱姜蒸大虾+南瓜馒头

主菜：葱姜蒸大虾

25分钟　简单

主料

鲜虾200克 · 大葱10克 · 生姜10克

辅料

料酒2汤匙 · 盐1/2茶匙

做法

1　将鲜虾洗净后去除虾线，剪掉虾须。

2　将大葱切成葱段，姜片切丝，备用。

3　将处理好的鲜虾放入便当盒中，上面铺上葱段、姜丝，加入料酒、盐，倒入50毫升水。

4　将电热便当盒的发热盘里倒入100毫升水，通电20分钟后即可食用。

烹饪秘籍

煮虾的时间一定不要太久，如果时间来得及，提前将虾用料酒腌制一下，腥味会更少，口感也会更纯正。

营养贴士

虾是滋补身体的优质食材，低脂肪、低热量，易被人体吸收。忙碌的上班族可以把虾作为餐桌的常备之物。

主食：南瓜馒头

20分钟　简单

主料

半成品南瓜小馒头160克

做法

1　将半成品南瓜小馒头放在便当抽屉上。

2　将电热便当盒的发热盘里倒入100毫升水，通电20分钟后就可食用啦。

这道料理简单不复杂，而且超级省时间。用葱姜去除掉虾的腥味后，滋味更鲜美，而且蒸出来的虾肉更加软嫩香滑，一点也不老。

清香滑嫩惹人爱

蒸蛋羹+香米肉丸

主菜：蒸蛋羹

20分钟　简单

主料

鸡蛋1个（约40克）· 火腿肠丁20克

辅料

葱花3克 | 盐1/2茶匙 | 油10毫升

做法

1 将鸡蛋打入饭盒中，加盐打散，搅拌均匀。

2 将火腿肠丁倒入蛋液中，加200毫升凉白开，滴入油，轻轻搅拌均匀。

3 将蛋盅放入便当盒中，在电热便当盒的发热盘里加100毫升温水，按下电源键，启动蒸煮功能。

4 10分钟后关掉电源，开盖，撒上葱花，即可享用啦。

营养贴士

鸡蛋富含优质蛋白质，极易被身体吸收，常吃可以强身健体。上班族在劳累了一上午之后吃点蛋羹，能够在一定程度上提振精神、恢复体力。

烹饪秘籍

蒸蛋羹的时候一定要用温水，温度在40℃左右，这样蒸出的蛋羹才能泡沫少，更光滑，色泽和口感也更好。

主食：香米肉丸

40分钟　简单

嫩滑的蛋羹配上点火腿碎丁，口感更丰富。而香米肉丸不油腻、更清香，无须配菜就能让你吃得心花怒放哟。

主料

香米饭100克 · 胡萝卜40克 · 猪肉100克

辅料

料酒1汤匙 · 盐1/2茶匙 · 酱油1汤匙 · 老抽1/2汤匙 · 香油1茶匙

做法

1 将猪肉洗净后剁成细泥，加料酒、酱油、老抽、盐腌制10分钟。

2 将胡萝卜洗净、去皮后蒸熟，捣成泥，拌入肉泥中。

3 香米饭加入香油后搅拌均匀。

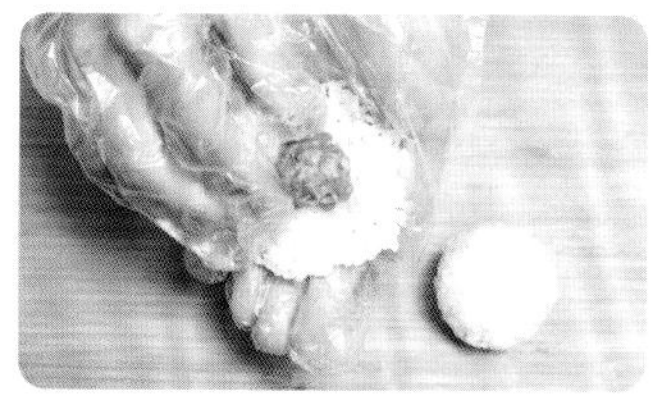

4 取一次性手套，将肉馅夹在米饭中揉成小丸子，并依次放入便当抽屉上。

5 电热便当加200毫升温水，按下电源键，启动蒸煮功能。

6 20分钟后拔掉电源键，即可享用啦。

来点异国简餐换换口味

- 前几章洋洋洒洒介绍了这么多适合做便当的中式菜品，现在也考虑一下异国简餐怎么样？相较于中式便当，西式、日式、韩式等简餐在近年来也分外流行。不仅因为其做起来简单方便，更因为其比较少油少盐的搭配，特别适合把减肥奉为“终身事业”的上班族。

- 但并不是所有的简餐都适合做便当哟，像比较复杂的牛排就不要考虑了。下面介绍的十五道各式简餐，在最大限度上减少了对油盐的摄取，还融合了多种营养食材，比如蔬菜、鸡蛋、水果等，来满足身体所需。如果喜欢，可以试试看。

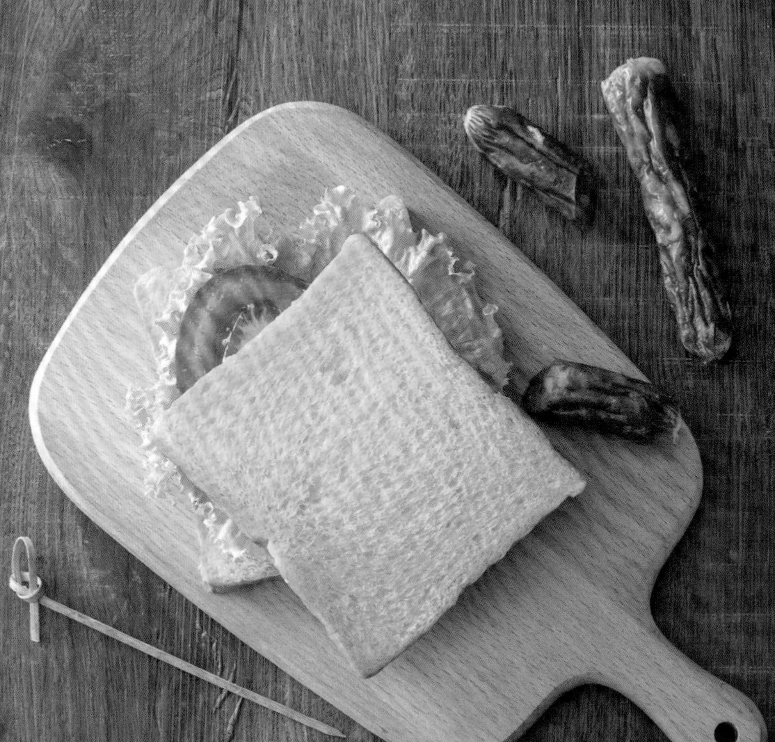

层层美味浓浓爱

牛油果三明治

15分钟　简单

主料

牛油果30克 · 全麦面包2片 · 鸡蛋1个（约40克）

辅料

油30毫升 | 盐1茶匙 | 黑胡椒碎3克 | 柠檬汁3克
彩椒5克 | 番茄40克

营养贴士

牛油果含有丰富的维生素和微量元素，极易被身体消化吸收，与鸡蛋和全麦面包片一起做成三明治，能够提供身体所需的能量，还能促进肠胃蠕动，有着排毒瘦身的效果。

做法

1 牛油果对半切开，去核后取半个，挖出果肉，放入碗中碾成泥。

2 将柠檬汁滴到果泥中，加盐和黑胡椒碎后拌匀。

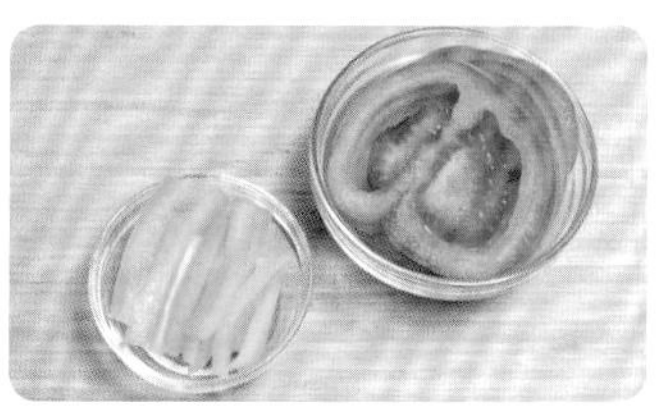

3 将彩椒、番茄洗净，彩椒切丝，番茄切片后备用。

4 平底锅加热，不放油，将面包片烤脆后涂抹上拌好的果泥酱。

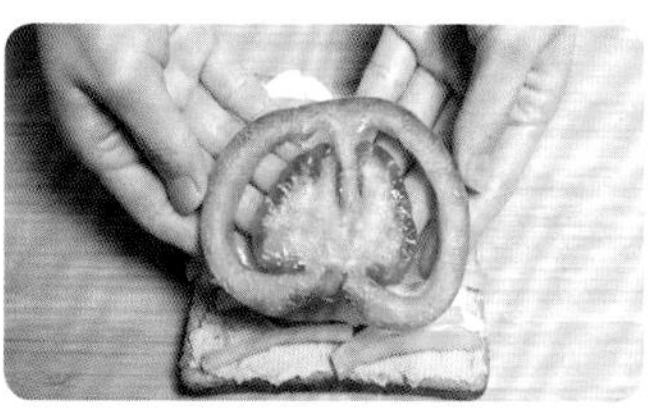

5 净锅热油，将鸡蛋煎至八成熟后，铺在面包片正中间，再铺上切好的彩椒丝和番茄片。

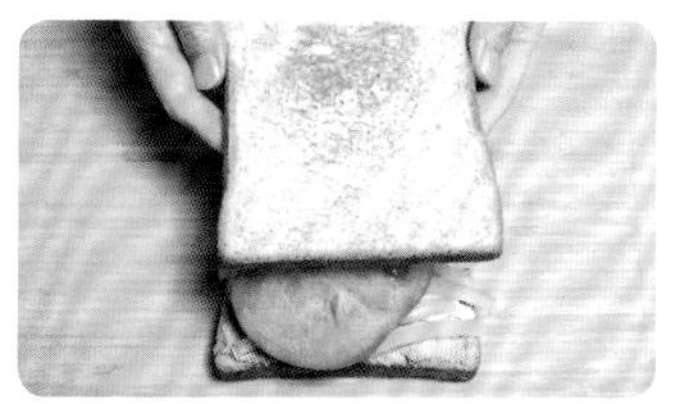

6 取另外一片面包片盖上，用保鲜膜裹紧。

7 取一把锋利的刀，沿对角切开，即可装入便当盒。

烹饪秘籍

牛油果肉容易氧化变黑，挤上柠檬汁后可以有效防止其氧化，而且口感也更富有层次。

牛油果单吃难以下咽，但做成酱泥后完全可以替代黄油，与鸡蛋搭配成三明治食用，口感绵柔舒适，外酥内软，既营养又美味。

南瓜厚蛋烧三明治

20分钟　简单

主料

南瓜100克 · 全麦吐司2片 · 鸡蛋2个（约80克）
培根10克 · 生菜20克

辅料

油30毫升 | 黑胡椒碎3克 | 盐1/2茶匙 | 淀粉1汤匙

营养贴士

南瓜是美容养颜的佳品，其富含微量元素和果胶，可以帮助身体排除毒素。而鸡蛋则富含优质蛋白质，滋补养身，常吃可提高免疫力。

做法

1 将南瓜去皮后切成大块，蒸熟后捣成南瓜泥。

2 将生菜洗净，切大碎块备用。

3 取一片吐司，均匀涂抹上南瓜泥，铺上适量生菜备用。

4 将鸡蛋磕入碗中，加盐后打散，倒入淀粉搅匀。

5 平底锅放油，将蛋液倒入锅中一部分，稍稍凝固后，从一边卷起推至锅边。

6 再次倒入蛋液，卷起蛋皮，推至锅边，直至蛋液用完，做好厚蛋烧。

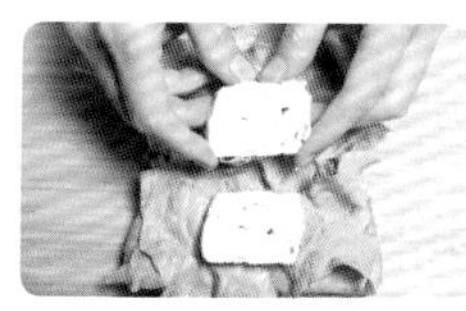

7 将做好的厚蛋烧切成薄片，放在铺了生菜的吐司上。

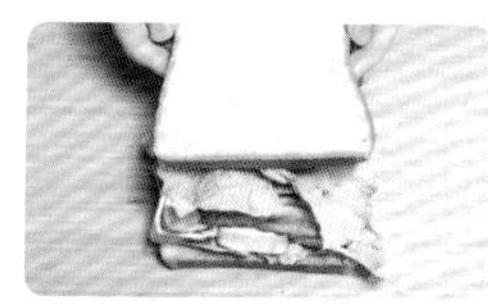

8 平底锅内留油，放入培根，煎熟后放在厚蛋烧上，再铺上一层生菜，均匀撒上黑胡椒碎，盖上另一片吐司。

9 取保鲜膜，将吐司四周包裹紧，然后用刀一切两块即可。

烹饪秘籍

做厚蛋烧时一定要注意掌控火候，最好是全程小火，这样才能有足够的时间操作，避免鸡蛋焦煳变老，影响口感。

清甜的南瓜泥、香嫩的厚蛋烧，配上爽口的生菜、咸香的培根，这款南瓜厚蛋烧三明治分量十足，实惠更可口，性价比超高。

扇贝肉三明治

10分钟　简单

主料

扇贝100克 · 全麦吐司2片 · 胡萝卜40克

辅料

盐1/2茶匙 | 黑胡椒碎3克

烹饪秘籍

扇贝一定要提前洗干净，或者冷水上锅蒸熟，如果觉得有腥味，可以切点洋葱夹在吐司中。

做法

1　将扇贝洗净后用锅煮熟，取出扇贝肉，放凉备用。

2　将胡萝卜洗净后去皮、切块，煮熟，捣成泥。

3　取保鲜膜铺好，将吐司切除四边，取一片涂抹上胡萝卜泥，放在保鲜膜上。

4　将扇贝肉切细碎，均匀放到抹好胡萝卜泥的吐司上。

5　撒上盐和黑胡椒碎，盖上另一片吐司。

6　将保鲜膜包裹紧，用刀对角切开即可。

营养贴士

扇贝是真正的低脂肪食品，含有丰富的维生素和微量元素，常吃可以增强身体的免疫力。扇贝中还含有黄酮类化合物，能够降低血液中的胆固醇，具有抗血栓的功效。

扇贝的肉质鲜嫩肥美，搭配清甜的胡萝卜，既营养健康又滋味十足，而且热量极低，多吃也不长肉。

意式风味大满足

金枪鱼煎蘑菇西多士

15 分钟　简单

主料

蘑菇50克 · 金枪鱼罐头100克 · 奶酪片20克
全麦吐司2片

辅料

油30毫升 | 盐1/2茶匙 | 黑胡椒碎3克 | 黄瓜40克
鸡蛋1个（约40克）

营养贴士

金枪鱼是美容减肥的健康食品，含有身体所需的多种氨基酸，能够降低胆固醇，对心血管疾病有一定的预防效果。搭配全麦吐司，更是可以带来饱腹感，爱美的朋友不可错过。

做法

1　将蘑菇去蒂、洗净后撕成细条；黄瓜洗净后切薄片，备用。

2　净锅煮水，水开后焯蘑菇，3分钟后捞出，过冷水，沥干。

3　取小碗，磕入鸡蛋，加盐后打散成蛋液备用。

4　平底锅放10毫升油，放入沥干的蘑菇，煎香后盛出备用。

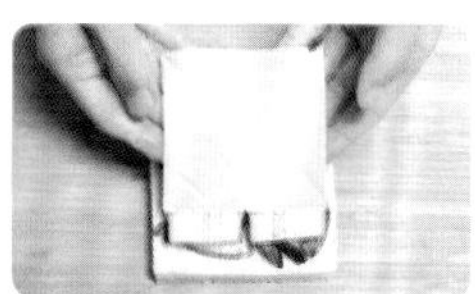

5　将吐司全部切边，取其中一片，将蘑菇条、黄瓜片和奶酪片铺在上面。

6　取另一片吐司，均匀抹上金枪鱼肉，盖在之前的吐司上。

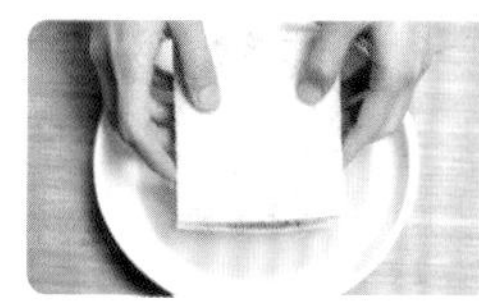

7　两片吐司夹紧，从两边到中间均匀裹上蛋液。

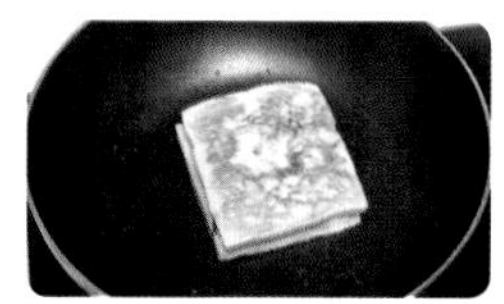

8　平底锅放油，小火温热后，将吐司放入，两面煎至金黄色后撒入黑胡椒碎。

9　关火，取出吐司，沿对角线一切为二即可。

烹饪秘籍

❶ 蘑菇不容易熟，提前焯一下再煎，滋味更香浓。
❷ 在给吐司涂抹蛋液的时候尽量多涂一些，这样吐司就会少吸油，更健康。

这道充满浓浓意式风味的餐食，不但色泽诱人，口感也超乎想象的好，重要的是，操作简单不复杂，一刻钟就能搞定。

好吃不长肉

素汉堡

30 分钟　简单

主料

洋葱30克 · 汉堡坯100克 · 鲜香菇20克
番茄60克 · 面包糠20克 · 生菜10克

辅料

油30毫升 | 盐1/2茶匙 | 黑胡椒碎3克 | 沙拉酱1汤匙

烹饪秘籍

香菇一定要提前浸泡，这样才能把香菇的土腥味去除，而且要沥干水分后再切碎丁，这样炒出来的馅料才会清爽。

做法

1　将洋葱切碎；将番茄洗净后切薄片备用。

2　将香菇提前浸泡5分钟，沥干水分，洗净，切碎丁。

3　热锅冷油，倒入洋葱和香菇翻炒，3分钟后盛出。

4　将面包糠倒入炒好的碎菜丁中，加盐，碾成泥状。

5　取一次性手套，将其压成饼状，制成馅饼。

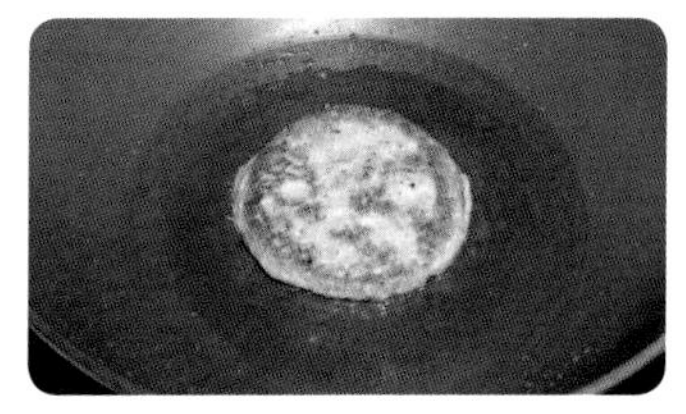

6　再次起锅放油，放入馅饼，煎至两面焦黄后取出。

7　取汉堡坯，从中间依次放入馅饼、番茄片和生菜。

8　然后撒上黑胡椒碎，挤上沙拉酱就可以啦。

营养贴士

洋葱能够抗菌消炎，其刺激性气味还能促进肠胃蠕动，提升食欲。午餐便当吃点洋葱还可以提神呢，配上美味的香菇、番茄和生菜，补充身体所需的维生素，美容更减肥。

想吃汉堡还怕长肉？那尝尝这道素汉堡吧。馅料酥脆咸香，配上生菜和番茄，口感绝对比店里的还好。

复制经典

炸鸡汉堡

25 分钟　简单

主料

鸡腿100克 · 汉堡坯100克 · 生菜20克
番茄60克 · 鸡蛋1个（约40克）

辅料

油50毫升 | 盐1/2茶匙 | 黑胡椒碎3克 | 料酒2汤匙
淀粉20克 | 沙拉酱1汤匙

烹饪秘籍

在炸鸡腿的过程中切记全程要小到中火，否则外层淀粉很容易焦煳，而里面的肉却依旧不熟，影响汉堡的口感。

做法

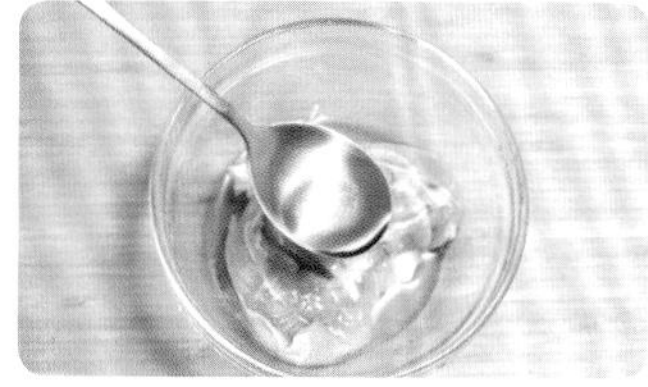

1　将鸡腿洗净后剔除骨头，加料酒腌制10分钟。

2　将生菜和番茄洗净，并将番茄切成薄片备用。

3　将鸡蛋打散，加入盐，调制均匀。

4　将腌制好的鸡腿肉均匀裹上蛋液，在淀粉里滚一下。

5　热锅冷油，放入裹满淀粉的鸡腿开始煎炸，至双面焦黄。

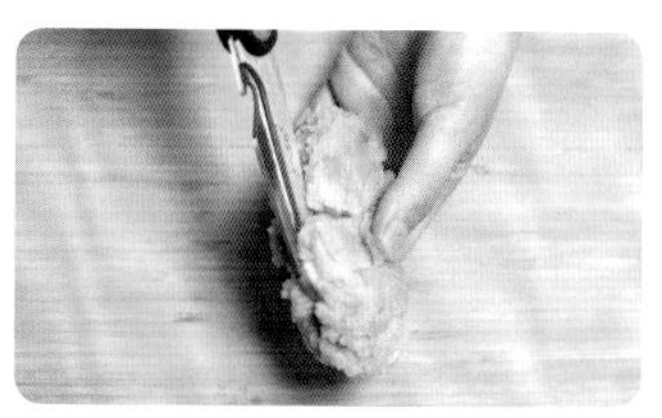

6　用剪刀将鸡腿剪开一点，如果不熟，再次入锅复炸。

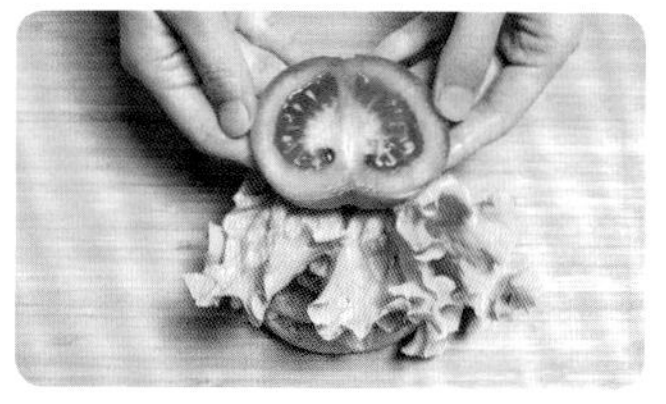

7　取汉堡坯，依次把鸡腿肉、生菜和切好的番茄薄片夹在其中。

8　均匀撒上黑胡椒碎，淋上沙拉酱即可。

营养贴士

肉质鲜嫩的鸡腿营养价值很丰富，易被身体消化吸收，常吃可以增强体力，有着很好的滋补效果。如果怕脂肪含量高，可以换成鸡胸肉来代替。

外酥里嫩的炸鸡肉配上清爽的生菜和番茄，从出锅的那一刻，这道便当就令人分外垂涎，真怕留不到中午呢。

肉质鲜嫩无比，配上番茄、生菜，还能化解油腻。更重要的是，自己在家做的汉堡比外面干净卫生，吃起来更放心。

给你的身体充满电

牛肉汉堡

20分钟　简单

主料

牛肉100克 · 汉堡坯100克
生菜20克 · 番茄60克

辅料

油30毫升 | 盐1/2茶匙 | 黑胡椒碎3克
料酒1汤匙 | 沙拉酱1汤匙

营养贴士

牛肉是一种低脂肪肉类，含有丰富的蛋白质和多种微量元素，能够补气血、养脾胃、强身健体，增强身体的抗病能力。

做法

1 将牛肉洗净后轻拍两下，划上几刀，然后加盐和料酒腌制5分钟。

2 将生菜和番茄洗净，并将番茄切成薄片备用。

3 热锅冷油，放入牛肉开始煎炸，至双面焦黄后盛出备用。

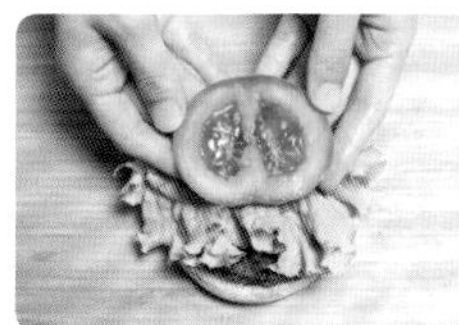

4 取汉堡坯，依次把牛肉、生菜和切好的番茄薄片夹在其中。

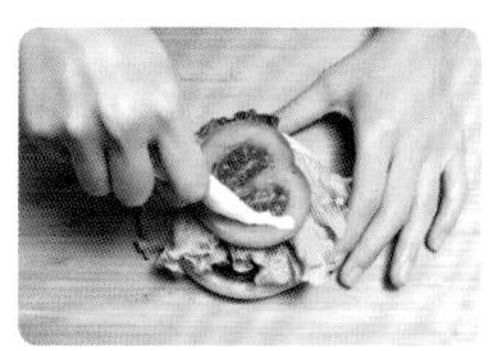

5 均匀撒上黑胡椒碎，淋上沙拉酱即可。

烹饪秘籍

一定要选取新鲜的嫩牛肉，而且烹饪过程中火候不要过大，否则容易变老，影响口感，一般来说，牛肉煎至七成熟就可以了。

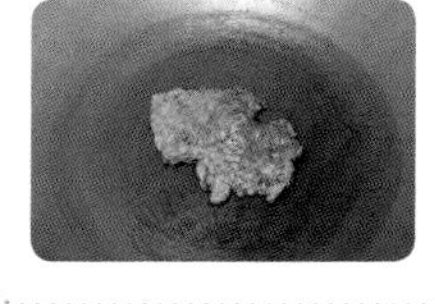

网红美食在家做

奶酪热狗

30 分钟　简单

长长的拉丝绝对是喜欢奶酪的朋友的最爱。这道网红奶酪热狗棒吃起来过瘾，吃完之后更会让你久久难以忘怀哟。

主料

全麦面包2片 · 鸡蛋1个（约40克）
烤肠40克 · 面包糠50克

辅料

沙拉酱20克 | 奶酪30克 | 油50毫升

营养贴士

奶酪的营养价值是奶制品中最高的，其所含的钙极易被身体吸收，而所含的乳酸菌能够维持人体肠道中的菌群平衡，令肠道更加健康。

做法

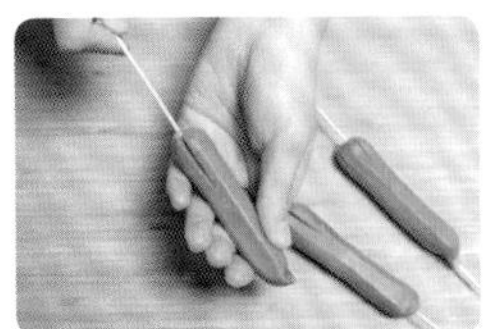

1 将烤肠的尾部切十字花后，慢慢穿到竹签上。

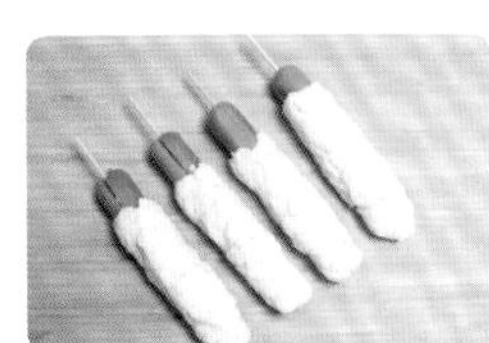

2 将奶酪取出，慢慢捏软，紧紧缠绕在烤肠上面。

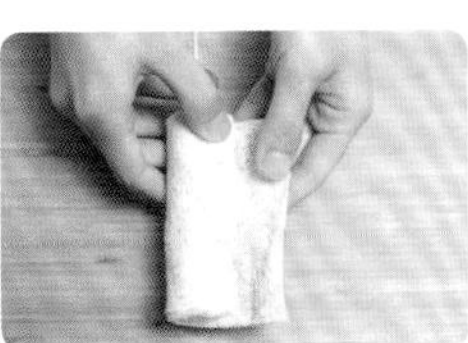

3 取面包片，切除四边后紧紧包裹在烤肠和奶酪的外面。

4 将鸡蛋打散，倒入浅盘中。

5 将包裹了面包片的奶酪热狗均匀裹一层蛋液，再放到面包糠里滚一下。

6 取锅倒油，温热后，将热狗下锅炸至金黄色，出锅。

7 最后，取沙拉酱轻轻倒在热狗表面就可以啦。

烹饪秘籍

如果奶酪和面包片不够紧贴，可以用保鲜膜裹紧一会儿，这样就不会散开了。

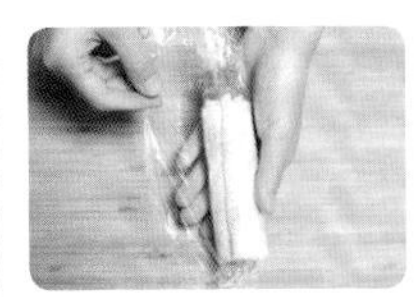

自此爱上美式快餐

酸黄瓜热狗

10分钟　简单

酸爽开胃的黄瓜，脆嫩弹牙的烤肠，随着热狗面包一起入肚，自此再也不用羡慕美剧里的好滋味了，自己做成便当一样可以享受。

主料

酸黄瓜30克 · 热狗面包坯60克
烤肠40克

辅料

奶酪片15克

做法

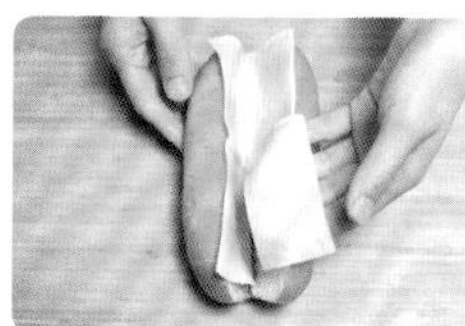

1　将奶酪片一分为二，夹在面包的两边。

2　取烤肠放在奶酪片之中，放到微波炉中，高火转30秒后取出。

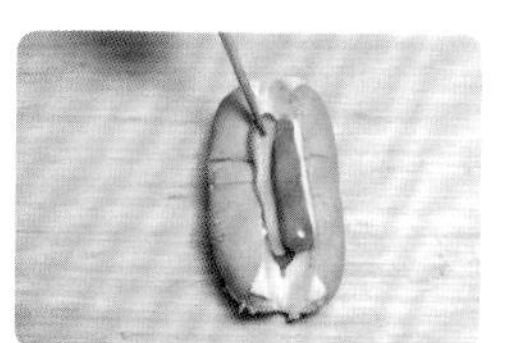

3　将酸黄瓜取出，切成长薄片，加入烤好的面包中就可以啦。

烹饪秘籍

所有的食材都可以直接购买，你需要做的就是将它们夹在一起开吃就好。唯一需要注意的是，不要用微波炉加热太久，否则奶酪融化，会流出来，不好清洗哟。

营养贴士

酸黄瓜绝对是开胃的必备，与烤肠搭配还能解油腻、促进消化。而奶酪则是由牛奶浓缩、发酵而成的，营养极其丰富，能够补充身体所需的钙质，增强免疫力，提高抗病能力。

当饭团遇上便当

肉罐头生菜饭团

10分钟　简单

用饭团做便当，简直不要太方便。不但很好携带，做起来也不花时间，吃起来更加美味。自此，家中的剩饭就无须浪费啦。

主料

猪肉罐头100克 · 生菜50克
米饭200克

辅料

酱油1汤匙 | 芝麻5克

做法

1 将生菜洗净，按片剥开后备用。

2 将酱油倒入米饭中，搅拌均匀。

3 取一次性手套，将保鲜膜铺在底下，依次放生菜、猪肉罐头、米饭后，撒上芝麻。

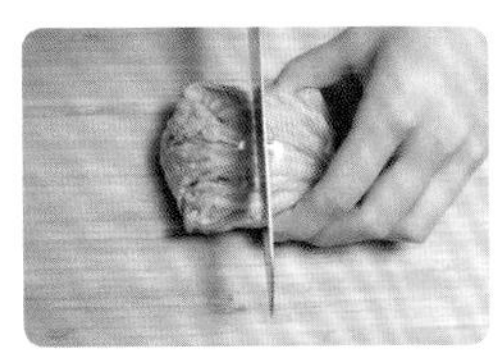

4 然后将保鲜膜四周折起，向中间包裹，包紧后，取刀切半就可以啦。

烹饪秘籍

❶ 米饭中加点酱油不但能够调味，还能增加黏性，使其更好地包裹馅料。
❷ 如果喜欢酸口的，也可以把酱油换成寿司醋。

营养贴士

猪肉罐头的风味清香，口感细嫩，搭配生菜营养丰富，能补充身体所需的能量，还能补充多种维生素和微量元素等，促进肠胃消化。

海苔肉松饭团

10分钟　简单

主料

海苔5克 · 米饭200克 · 肉松60克

辅料

盐1/2茶匙 | 白芝麻5克 | 寿司醋1汤匙

做法

1　将寿司醋、盐加入米饭中，搅拌均匀。

2　将海苔撕碎放入盘中。

营养贴士

海苔中的微量元素能够预防消化系统溃疡，还有助于皮肤光滑健康，而且热量很低，具有减肥瘦身的效果。

3　将白芝麻放入微波炉中，高火加热1分钟后取出，倒入海苔碎中。

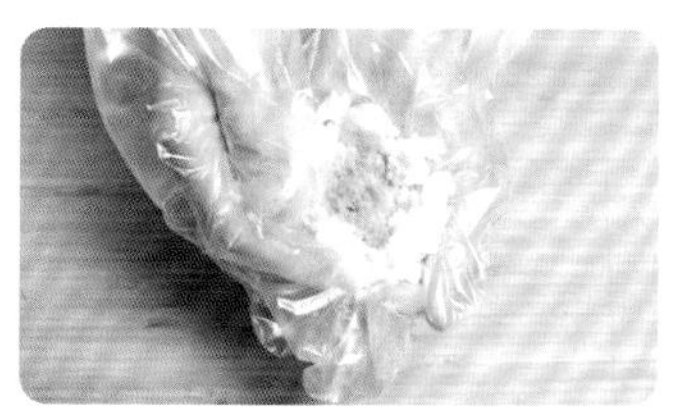

4　取一次性手套，蘸点水，取米饭，夹上肉松，攒成球状。

5　将米饭圆球在海苔盘中滚一圈就可以啦。

烹饪秘籍

攒饭团时，适当蘸点水是为了更好地将饭团攒成球状，也方便饭团滚上更多的海苔碎和芝麻。

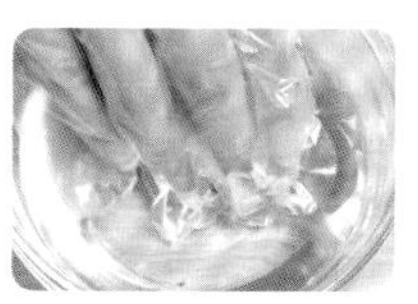

肉松的味道无人不爱，配上清脆的海苔和浓香的芝麻，让饭团吃起来妙趣横生。更重要的是，做法简单不复杂，分分钟搞定。

清清爽爽香入口

西蓝花培根饭团

20分钟　简单

主料

西蓝花100克 · 培根20克 · 米饭200克 · 胡萝卜40克

辅料

油20毫升 | 盐1/2茶匙 | 香油3毫升

烹饪秘籍

将西蓝花提前放入淡盐水中浸泡一会儿，可以保持其鲜亮的色泽，还可以清洗出其中看不见的菜虫或杂质，更加卫生。

做法

1 将西蓝花掰成小朵，放入淡盐水中浸泡一会儿。

2 将培根切成碎丁；胡萝卜洗净，切成碎丁备用。

3 净锅煮水，水开后倒入西蓝花，焯2分钟左右，捞出备用。

4 热锅冷油，烧至温热后倒入培根丁和胡萝卜丁翻炒，加盐调味后盛出。

5 将焯熟的西蓝花剁碎成泥，倒入米饭，淋入香油，搅拌均匀。

6 取保鲜膜平铺，用勺依次舀入适量的西蓝花米饭、炒熟的培根胡萝卜丁。

7 最后再用手攒成球状的饭团就可以啦。

营养贴士

西蓝花应该成为上班族们便当里的必备蔬菜。其能够补充钙质、提高免疫力、增强记忆力，常吃还可以改善皮肤的粗糙状况。

不喜欢吃西蓝花的你，不妨试试这个做法。将西蓝花跟培根和胡萝卜一起做成饭团，让你在鲜香的滋味中吸收西蓝花的营养，而且做法一点也不复杂。

尽情品尝海的滋味

鲜虾饭团

25分钟　简单

主料

鲜虾120克 · 鱼子50克 · 米饭200克 · 小葱10克

辅料

盐1/2茶匙 | 料酒1汤匙 | 寿司醋1汤匙
酱油1汤匙 | 白酒1茶匙 | 姜3片

烹饪秘籍

鱼子的腥味很重，用白酒提前浸泡一会儿，捞出食用时，再过清水冲洗一下，可以有效去除腥味。

做法

1 将鲜虾洗净，去除虾线，剪掉虾须备用。

2 鱼子放入小碗中，加白酒和100毫升水，浸泡5分钟去腥。

3 净锅倒水，加料酒和姜煮开后，倒入处理好的鲜虾，焯熟后捞出，冲洗一下。

4 去掉虾头和虾壳，留虾尾备用。

5 将鱼子捞出，用清水冲洗干净；将小葱洗净后切碎，一起放入米饭中。

6 米饭中加盐、寿司醋和酱油，搅拌均匀。

7 取一次性手套，用拌好的米饭把虾包裹成圆球，露出虾尾就可以啦。

营养贴士

虾含有优质蛋白质，能够被身体轻松吸收；还富含镁元素，对心脏活动有着很好的调节作用，常吃可以保护心血管系统。

滑嫩的虾，鲜美的鱼子，配上香浓的米饭，让最普通的饭团吃出了大海的味道，保证你吃一个意犹未尽，吃两个才喊过瘾。

糙米山药饭团

30分钟（不含糙米浸泡时间） 简单

主料

糙米80克 · 铁棍山药40克 · 海苔5克
黄瓜40克 · 香肠20克

辅料

盐1/2茶匙 | 香油1茶匙

烹饪秘籍

❶ 糙米要提前浸泡一晚，这样比较容易煮熟，口感也会更软糯。
❷ 黄瓜和香肠一定要切成碎丁使用，而且不要放太多，否则不容易成形。

做法

1 糙米淘洗干净，提前浸泡1晚。

2 铁棍山药去皮，洗净后切成大小适中的方块。

3 将糙米和山药块一起放入电饭煲中，加入200毫升水，按下煮饭键煮熟。

4 将黄瓜洗净后切碎丁，香肠切碎丁，海苔撕碎，备用。

5 将煮熟的糙米饭和山药块搅拌均匀，倒入黄瓜丁、香肠丁、碎海苔，搅匀。

6 加盐和香油调味，再次搅匀后放置一会儿。

7 等米饭变温后，取一次性手套，用手攒成饭团即可。

营养贴士

这道便当专门为减肥人士打造，糙米富含膳食纤维，容易饱腹，减少热量摄入，还能促进肠胃蠕动，利于消化。搭配山药食用，更能改善情绪、消除沮丧，让你的生活快快乐乐。

变着花样吃米饭，让千篇一律的生活发生点儿不一样的变化。生活的乐趣，就从吃饭这点小事开始创造吧。

五颜六色好营养

玉米肠饭团

20分钟　简单

用五颜六色的食材搭配而成的饭团，让人看上去就想咬一口。玉米肠的脆，胡萝卜的甜，加上青椒的微辣，足以让你的午餐被众人羡慕称赞哦。

主料

玉米肠100克 · 大米饭200克
青椒20克 · 胡萝卜40克

辅料

油10毫升 | 香油1茶匙 | 盐1/2茶匙
黑胡椒碎3克

做法

1 将玉米肠切成碎丁，青椒去子后切碎丁，胡萝卜去皮后切细丁。

2 热锅冷油，倒入玉米肠丁、青椒丁、胡萝卜丁，加盐清炒2分钟左右，盛出备用。

3 将炒好的碎菜丁倒入大米饭中，淋入香油后搅匀。

4 取一次性手套，用手攒成饭团，撒上黑胡椒碎即可。

营养贴士

相较于普通的香肠，玉米肠中的营养更为丰富，而且热量也低了不少，搭配青椒和胡萝卜丁，不但能够健脾开胃、提升食欲、促进消化，还对缓解视力疲劳有一定的作用。

烹饪秘籍

在米饭中淋点香油，既可以调和饭团的味道，还可以保证攒饭团时容易成形，不塌陷，即便是第二天带到办公室，也依旧原版原样呢。

了不起的健康套餐

◢ 如果觉得菜品搭配比较费脑筋，就试试我们提供的健康套餐吧。不但烹制简单快速，而且营养搭配合理，与此同时，每一份套餐还充分考虑到了菜品的口感和滋味，让你吃得舒心、可口。

◢ 这二十款元气满满的健康套餐，最大的特色就是将主食和菜肴进行了菜饭合一的绝妙搭配，使带便当这件事变得更省时省力，特别适合上班族。

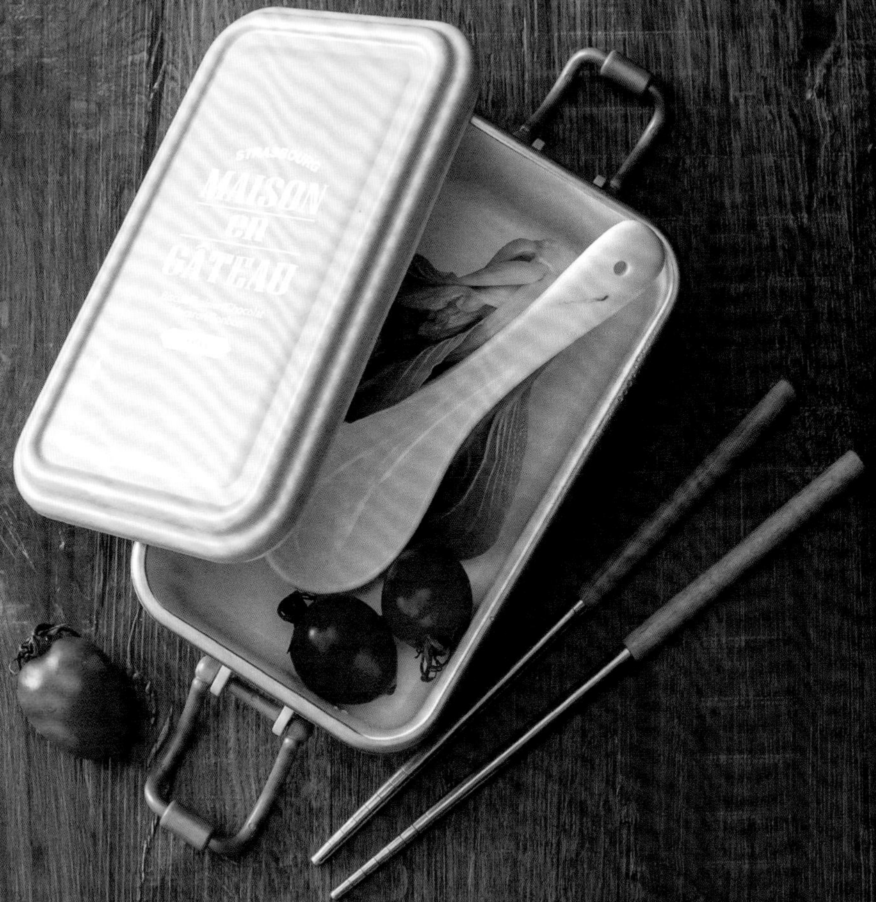

尝尝大海的味道

海鲜炒面+番茄沙拉

营养贴士

海蛎子和虾属于高蛋白、低脂肪食物，富含多种矿物质。工作午餐选择海鲜炒面，满足的可不仅是你的味蕾呢。

主餐：海鲜炒面

30 分钟　简单

主料

手拉面条200克 · 鲜虾100克 · 海蛎子肉50克
洋葱30克

辅料

油20毫升 | 墨鱼汁1汤匙 | 盐1/2茶匙 | 料酒2汤匙
姜丝5克 | 生抽1茶匙 | 豆瓣酱1汤匙

做法

1　将虾剪须，剔除虾线后洗净；海蛎子肉洗净；洋葱剥外皮，取半切成细长条备用。

2　净锅煮水，加姜、料酒煮开后，放虾和海蛎子肉，3分钟后捞出，将海蛎子肉泡冰水，虾剥壳备用。

烹饪秘籍

选面条时，一定要选筋道且宽粗的手工面条，煮至七成熟即可捞出过凉白开，这样口感好，不坨，下锅炒时也能清爽不粘锅。

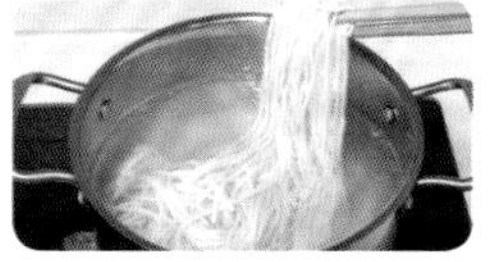

3　再次净锅煮水，水开后下面条，煮10分钟左右，捞出过凉白开，备用。

4　炒锅倒油，加入豆瓣酱，倒入海蛎子肉和鲜虾翻炒。

5　加生抽、墨鱼汁和50毫升温水，熬煮至汤汁浓郁后，倒入洋葱翻炒。

6　最后加面条，翻炒均匀，加盐调味后即可关火出锅啦。

配餐：番茄沙拉

3 分钟　简单

主料

小番茄150克 · 生菜150克

辅料

沙拉酱2汤匙

做法

1　将小番茄洗净后横切两半，放入盘中。

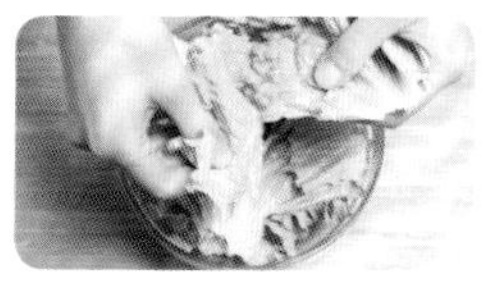

2　生菜洗净后切成碎块，放入盘中。

3　加沙拉酱搅拌，拌匀后即可享用。

海鲜的鲜美，面条的筋道，配上清爽的番茄沙拉，这道午餐充满了大海和田园的味道，让你在工作间隙的午餐时光里，享受片刻的自然气息。

北方女孩爱吃面

红烧肉豆角焖面+拌金针菇

主餐：红烧肉豆角焖面

55分钟　简单

主料

手工面条200克 · 豆角150克 · 猪五花肉100克

辅料

油30毫升 | 料酒2汤匙 | 酱油1茶匙
老抽1茶匙 | 盐1/2茶匙 | 蚝油2茶匙
葱白5克 | 姜5克

这道焖面的精华就是把浓郁的汤汁完全浸透到面条里，让每一口吃起来都滋味十足，再搭配清爽的金针菇，酸中带点微辣，解去红烧肉的油腻。这顿午饭绝对是一场味蕾的享受！

营养贴士

豆角中的维生素和微量元素很丰富，经常食用能健脾消食。

做法

1 手工面条冷水上锅，煮15分钟左右，盛出备用。

2 将豆角去筋丝后，洗净，掰成小段备用，葱白切葱末，姜切片备用。

3 将五花肉洗净后，切块，倒入料酒和姜片，腌制10分钟。

4 另起锅，大火煮水，水开后放入豆角，焯2分钟左右，捞出沥干备用。

5 热锅冷油，温热后放葱末爆香，倒入腌好的五花肉块（含料汁）煸炒，加老抽、酱油、蚝油和200毫升温水。

6 大火煮开后，转中火熬煮，倒入焯好的豆角，继续熬煮。

7 待汁液浓稠后，将面条放在豆角上面，盖上锅盖，焖煮5分钟。

8 等汤汁慢慢浸透面条后，加盐调味，关火，上下搅匀后盛出即可。

烹饪秘籍

豆角一定要先焯水，这样比较易熟，夹生的豆角容易引起食物中毒。

配餐：拌金针菇

20分钟　简单

主料

金针菇150克 · 胡萝卜40克
黄瓜40克 · 小米椒10克

辅料

香油5毫升 | 白醋2汤匙
盐1/2茶匙 | 葱花5克
鸡精1/2茶匙 | 蒜粒3克
姜丝4克

烹饪秘籍

金针菇焯水后再过凉白开，会让口感变得更脆嫩。

营养贴士

经常食用金针菇，可以健脑益智、安抚情绪，特别适合容易失眠的人。

做法

1 将金针菇洗净后去除根部，撕成小簇；胡萝卜、黄瓜洗净后切丝，小米椒切碎粒。

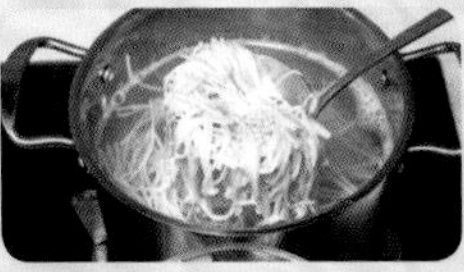

2 净锅煮水，水开后倒入金针菇，焯2分钟后捞出过凉白开，沥干放入盘中。

3 加胡萝卜丝、黄瓜丝、葱、姜、蒜和小米椒碎粒。

4 淋入香油，加白醋、盐、鸡精，搅拌均匀即可。

好吃到停不下来

葱油拌面+酸豆角

主餐：葱油拌面　　15分钟　简单

主料

挂面250克 · 香葱100克

辅料

油40毫升 | 酱油1汤匙 | 老抽1茶匙
白糖1茶匙

浓香的葱油，筋道的面条，配上酸爽的豆角，这道省时省事的套餐便当，简直好吃到停不下来。即便是忙碌的你，也值得挤出时间来尝试一下。

做法

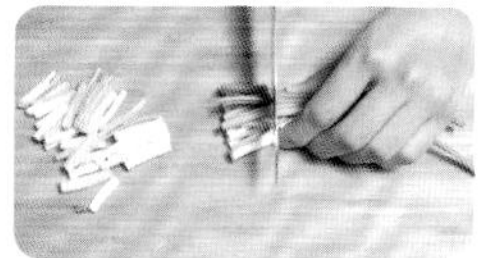

1 将香葱择好洗净，沥干，切成大小适中的小段。

2 取小碗，倒入酱油、老抽、白糖，调匀备用。

3 热锅冷油，中火将油烧热后，倒入葱段煸香，倒入调好的酱汁。

4 转小火，煎1分钟后，盛出备用。

5 净锅煮水，水开后下面，面熟后迅速捞出，过清水，沥干。

6 将葱油倒入面条中，搅拌均匀即可。

烹饪秘籍

面条煮过之后立即过凉白开，口感会更有弹性。

营养贴士

面条含有丰富的碳水化合物，能够给身体提供能量，而且面条养胃，煮过后干净卫生，极易消化吸收。

配餐：酸豆角

20 分钟（去除腌制发酵时间） 简单

主料

豇豆500克

辅料

花椒3克 | 干辣椒10克 | 盐1茶匙 | 白酒1汤匙

做法

1 将豇豆择好后洗净备用。

2 净锅煮水，放入花椒、盐和辣椒，大火煮开后倒入坛子中。

3 将洗好的豇豆卷好，放进坛子，没入水中，加白酒。

4 密封，放入阴凉处保存，一周后即可取出，切成碎丁食用。

烹饪秘籍

选取豇豆时，一定要选那些鲜嫩的瘦长豆角，这样腌制出来的酸豆角才能有清脆的口感。

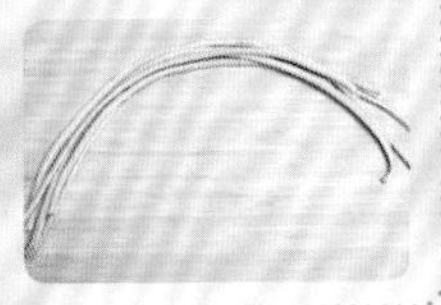

营养贴士

酸豆角是开胃健脾的小菜，可以提升食欲，常吃还能改善贫血。

地地道道北京味

炸酱面+酸辣脆藕

主餐：炸酱面

20 分钟　简单

主料

手工面条200克 · 黄瓜40克 · 青椒20克 · 猪肉50克

辅料

油20毫升 | 甜面酱2汤匙 | 豆瓣酱3汤匙 | 盐1/2茶匙
鸡精1/2茶匙 | 葱花10克 | 姜丝4克 | 蒜粒4克
料酒1汤匙

做法

1　将猪肉洗净，切碎、剁成泥，加料酒腌制5分钟。

2　将黄瓜洗净，青椒去子、洗净，均切细丝备用。

3　热锅冷油，放葱姜蒜炝锅，爆香后倒入猪肉泥。

4　加甜面酱、豆瓣酱和20毫升温水，翻炒均匀，炒熟后盛出备用。

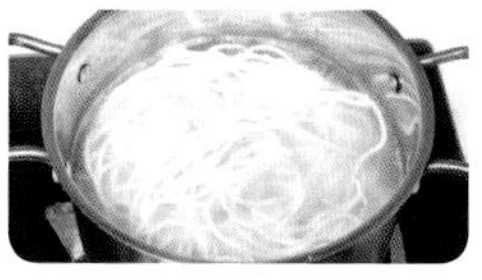

5　净锅煮水，水开后下面条，煮熟后捞出，过凉白开，沥干。

6　将黄瓜丝、青椒丝和炒好的肉酱一起放入面条中，加盐和鸡精，搅拌均匀即可。

烹饪秘籍

在制作肉酱时，如果觉得颜色不足，可以在加完温水之后再加点酱油。需要注意的是，如果味道足够了，最后拌面时就不用再加盐调味了。

配餐：酸辣脆藕

15 分钟　简单

主料

莲藕100克 · 干辣椒丝6克
葱碎3克 · 姜丝4克
蒜粒4克

辅料

油20毫升 | 盐1茶匙 | 陈醋3汤匙
鸡精1茶匙 | 花椒3克 | 白糖1茶匙

做法

1　将藕洗净后，去皮切薄片，浸泡在冷水中，放几滴醋。

2　净锅煮水，水开后倒入藕片，焯30秒，捞出沥干。

3　热锅冷油，倒葱姜蒜炝锅，加花椒、干辣椒煸炒。

4　倒入焯好的藕片，加陈醋、白糖后煸炒2分钟，加盐和鸡精调味，即可出锅。

营养贴士

美味的炸酱面能够补充身体所需的碳水化合物，给你能量；黄瓜和青椒可补充维生素，配上酸辣脆爽的莲藕，能开胃健脾、提升食欲、促进消化，给你带来好气色。

浓郁咸香的炸酱面，口感筋道十足，配上酸辣清脆的鲜藕，每一口都让你过足了瘾。

可以用作拿手菜

香菜牛肉春饼+炝炒土豆丝

主餐：香菜牛肉春饼

35 分钟　简单

主料

香菜80克 · 牛肉200克 · 春饼200克 · 干辣椒5克

辅料

油20毫升 | 料酒1汤匙 | 盐1/2茶匙 | 酱油1汤匙
淀粉5克

做法

1 将牛肉洗净后切成细丝。

2 加入料酒、盐、酱油、淀粉后，腌制20分钟。

3 将香菜去根后洗净，切小段；干辣椒切碎，备用。

4 净锅热油，倒入辣椒碎爆炒，爆香后倒入腌制好的牛肉丝，大火爆炒。

5 放香菜，翻炒均匀后加盐调味，关火出锅。

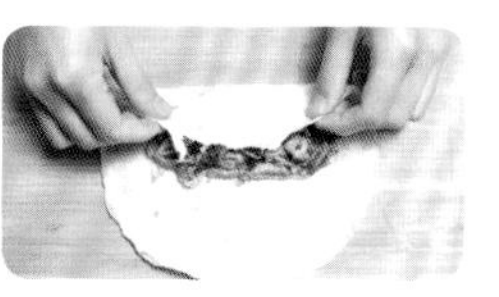

6 取春饼，把炒好的香菜牛肉卷进去包好就可以啦。

营养贴士

常吃牛肉有利于强身健体，还能够缓解疲劳、恢复精力，搭配香菜食用，能够健胃消食，减少腹胀，还可以补充人体所需的维生素C，预防感冒。

配餐：炝炒土豆丝

30 分钟　简单

主料

土豆150克 · 干辣椒5克
香菜5克

辅料

油20毫升 | 葱5克 | 蒜2瓣 | 盐1/2茶匙
鸡精1/2茶匙

做法

1 将土豆去皮后切细丝，放入冷水中浸泡20分钟，捞出沥干。

2 将葱、蒜切碎末，干辣椒切丝，香菜洗净后切碎段，备用。

3 净锅热油，放葱蒜炝锅，爆香后倒入土豆丝翻炒。

4 等土豆丝七成熟后，倒入香菜和干辣椒丝翻炒均匀，加盐和鸡精调味后，即可出锅。

烹饪秘籍

❶ 在腌制牛肉丝时，加入淀粉可以让牛肉更鲜嫩。
❷ 土豆丝很容易氧化，切细丝后浸泡在冷水中去掉淀粉，吃起来才会清脆爽口。

爆炒出来的香菜牛肉丝香气迷人，用春饼卷着吃更是滋味十足。而土豆丝的脆爽则无人不爱。食欲不好的时候，用这道套餐做午餐，绝对会让你胃口大开。

地地道道陕西味

肉夹馍+凉皮

主餐：肉夹馍

10分钟　简单

主料

肉夹馍饼坯2个（约200克）· 卤肉80克 · 青椒20克

烹饪秘籍

❶ 也可以在家里自己做卤肉，不过最好是取五花肉来卤，这样滋味更浓香。

❷ 买来的卤肉提前蒸一下，这样会保留些汤汁，一起夹在饼中，滋味更浓郁。

做法

1　将买来的饼坯放入微波炉中，中火烘烤1分钟，取出备用。

2　将卤肉放入盘中，冷水上锅，上汽后蒸5分钟即可。

3　卤肉放凉切碎，青椒洗净后去子，切碎丁，将卤肉与青椒搅拌均匀。

4　从面饼中间轻轻剖开四分之三，塞入切碎的卤肉和青椒丁就可以啦。

配餐：凉皮

10分钟　简单

主料

凉皮250克 · 黄瓜40克

辅料

葱3克 | 蒜2瓣 | 盐1/2茶匙 | 芝麻酱1汤匙
鸡精1/2茶匙 | 辣椒油1茶匙

做法

1　将凉皮冲洗一下后，放在案板上切细条。

2　将黄瓜洗净、去蒂后，切成细丝。

3　将葱和蒜瓣切成碎末，越碎越好，备用。

4　将黄瓜丝加入凉皮中，倒入葱蒜末。

5　加盐、芝麻酱、鸡精、辣椒油，搅拌均匀即可。

营养贴士

这是简单到每个人都会做的套餐，特别适合夏季食用。肉夹馍为身体提供充足的营养，而凉皮则能够消暑开胃。

面饼酥脆，卤肉浓郁，青椒清新，再搭配上爽口筋道的凉皮，便是正宗的陕北味道，你在家中也能够轻松享受。

健脾养胃正当时

韭菜菠菜盒子+小米粥

主餐：韭菜菠菜盒子

30分钟　简单

主料

韭菜100克 · 菠菜100克 · 木耳20克
鸡蛋2个（约80克）· 饺子皮100克

辅料

油30毫升 | 盐1/2茶匙 | 鸡精1/2茶匙 | 香油1茶匙

做法

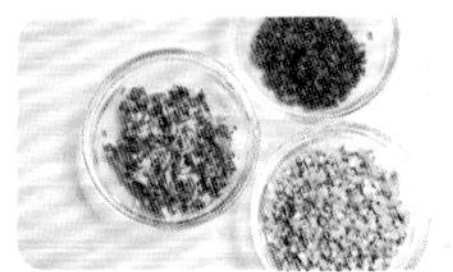

1 将韭菜和菠菜择好洗净，韭菜切丁，菠菜过沸水焯好后切丁，木耳泡发洗净后切丁。

2 将鸡蛋磕入碗中，加点盐打散，搅拌均匀。

3 热锅冷油，倒入蛋液，炒碎，盛出备用。

4 将韭菜丁、菠菜丁、木耳丁和炒熟的碎鸡蛋放在一起，加盐、鸡精和香油，搅拌均匀。

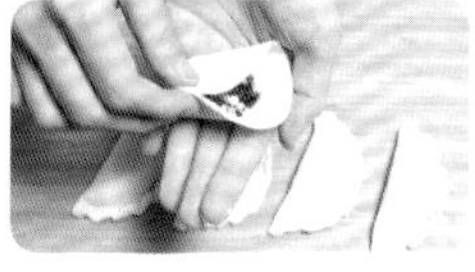

5 取饺子皮，将调制好的馅料放入其中，对折包好。照此做完所有材料。

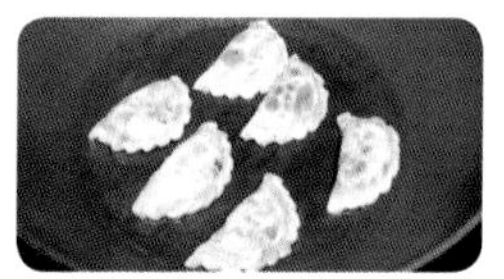

6 平底锅放油，将包好的韭菜盒子放入锅中，煎至两面焦黄即可出锅。

烹饪秘籍

菠菜一定要先用沸水焯一下，这样其中的草酸才能被去除，否则会影响人体对食物中钙的吸收。

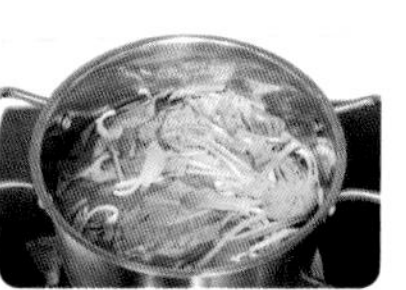

配餐：小米粥

30分钟　简单

主料

小米50克

做法

1 将小米淘洗干净，浸泡在冷水中10分钟。

2 净锅冷水，倒入小米，大火煮开后，转中火熬煮。

3 直至小米熬出米油后，关火闷5分钟即可。

营养贴士

非菜助阳，健胃提神，促进食欲；菠菜补铁，鸡蛋补钙，木耳补充身体所需的微量元素，再配上暖暖和和的养胃小米粥，这道套餐便当营养一百分。

韭菜盒子外酥脆、内鲜嫩，尤其是刚出锅的时候，美滋滋咬上一口，人间美味不过如此。

蛋炒饭+牛丸白菜汤

主餐：蛋炒饭

15 分钟　简单

主料

隔夜饭200克 · 鸡蛋1个（约50克）· 胡萝卜40克
黄瓜40克

辅料

油30毫升 | 葱花5克 | 盐1/2茶匙

烹饪秘籍

做蛋炒饭时，最好使用冷藏过的隔夜米饭，这样蛋液才会完美包裹米粒，炒出来的成品也会粒粒分明，干爽不黏腻，但也要注意不要太硬。

做法

1 将胡萝卜和黄瓜洗净，削皮，切成米粒大的小碎丁。

2 鸡蛋打入碗中，加点盐，然后快速打散打匀，静置备用。

3 热锅倒入15毫升油，油温热后，迅速倒入打好的鸡蛋液，用筷子滑散，炒成鸡蛋碎盛出。

4 锅内再次放油，倒入葱花爆香，加米饭快速翻炒，完全炒散后，倒入鸡蛋碎。

5 倒入胡萝卜丁和黄瓜丁，继续不停翻炒。

6 加盐调味，关火，出锅即可。

配餐：牛丸白菜汤

20 分钟　简单

主料

白菜300克 · 速冻牛肉丸200克

辅料

葱花3克 | 姜丝3克 | 蒜粒3克
盐1/2茶匙

做法

1 将白菜去根洗净后，取叶子部分切片，将牛肉丸放温水中化冻，洗净备用。

2 净锅加水，放入葱、姜、蒜，大火煮开后，将洗好的牛肉丸下锅。

3 转中火，至牛肉丸稍微膨胀后，倒入切好的白菜。

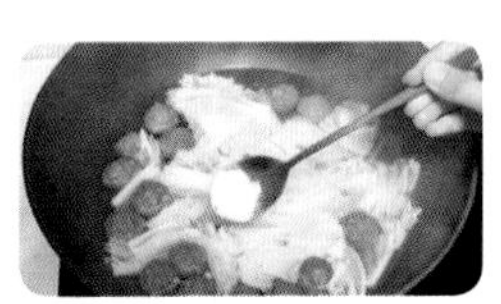

4 转大火煮至白菜熟透，加盐调味后关火出锅。

营养贴士

耗费了一上午的精力后，香而不腻的蛋炒饭能够填饱饥饿的肚子，让大脑得到短暂的休息，加上荤素搭配的白菜牛丸汤，更能补钙、补铁，提供能量，让你下午更有精神。

无论蛋炒饭还是白菜牛丸汤，这款家常套餐总是会让人想念。蛋炒饭吃起来喷香松软，配上鲜美的牛丸汤，更是滋味十足，当作午饭最合适不过了。

有肉有菜饭更香

肉丝白菜炒饭+拌黄瓜

营养贴士

圆白菜富含的维生素C和β-胡萝卜素有着很强的抗氧化效果，能够延缓细胞老化。常吃圆白菜还能够预防高血压，增强人体免疫力。

主餐：肉丝白菜炒饭

15分钟　简单

主料

隔夜饭200克 · 圆白菜150克 · 猪五花肉60克

辅料

油20毫升 | 葱4克 | 盐1/2茶匙 | 料酒1汤匙 | 生抽1汤匙

烹饪秘籍

圆白菜的质地坚硬，口感清脆，很适合炒饭。也可以用大白菜代替，不过要注意火候，不要炒得过火，影响口感。

做法

1　将圆白菜洗净，切成小碎块；葱切碎末，备用。

2　将五花肉洗净，切成长度适中的肉丝。

3　净锅上火，倒油，放入葱花爆香后放肉丝。

4　倒入料酒，翻炒均匀后倒入生抽，肉着色后，倒圆白菜继续翻炒。

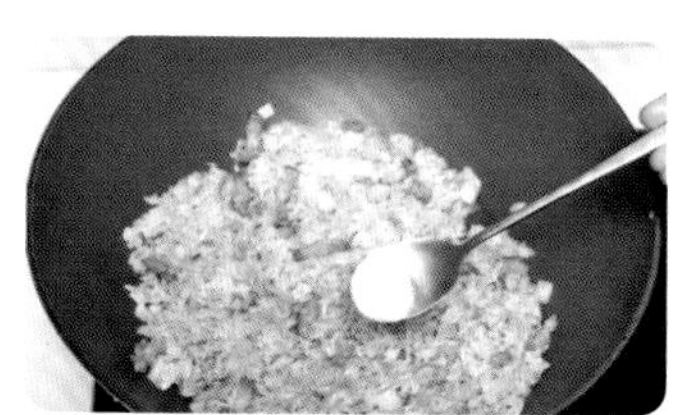

5　倒入米饭继续翻炒，至米饭吸汁上色后加盐调味，翻炒均匀即可出锅。

配餐：拌黄瓜

10分钟　简单

主料

黄瓜120克 · 红辣椒10克

辅料

生抽1汤匙 | 蒜4瓣 | 盐1/2茶匙 | 香油1茶匙 | 味精2克

做法

1　将黄瓜洗净后去蒂，用刀背拍出裂纹，斜切成菱形块，放入盘中备用。

2　蒜瓣去皮，加盐捣成泥，倒入生抽和味精，调制均匀。

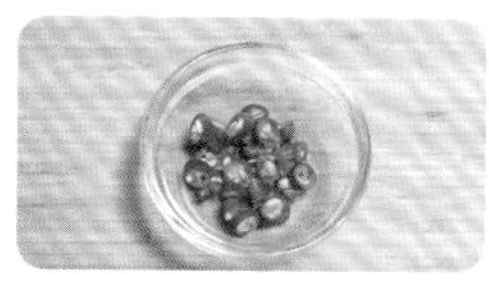

3　将红辣椒洗净，切成小圈备用。

4　将调制好蒜泥倒入盘中，与黄瓜块充分搅拌后淋入香油，加辣椒圈拌匀即可。

肉丝白菜炒饭因着圆白菜的清脆，口感清爽不油腻，搭配经典的凉拌黄瓜，营养更美味，而且操作简单不复杂，特别适合作为工作日的午餐便当。

泡菜炒饭+味噌汤

主餐：泡菜炒饭

25 分钟　简单

主料

大米饭200克 · 泡菜200克 · 鸡蛋1个（约50克）
火腿40克 · 胡萝卜40克

辅料

油20毫升 | 韩式蒜蓉酱2汤匙 | 胡椒粉1茶匙
鸡精1/2茶匙 | 香油2毫升 |

做法

1　将泡菜沥干水分后切丁，胡萝卜洗净去皮后切丁，火腿切成丁。

2　热锅入油，加入蒜蓉酱，爆香后倒入胡萝卜丁、火腿丁翻炒。

营养贴士

泡菜是一种经过发酵的蔬菜，具有抗菌消炎的作用，其含有的丰富维生素和钙、磷等矿物质，能够促进新陈代谢，减少脂肪囤积，对减肥很有帮助。

3　2分钟后，倒入泡菜丁快速翻炒。

4　将香油淋入大米饭中，拌匀后倒入锅中。

5　翻炒均匀后，加鸡精、胡椒粉调味，即可关火装盘。

6　另起锅放油，磕入鸡蛋，煎熟后放在炒饭上，即大功告成啦。

配餐：味噌汤

25 分钟　简单

主料

海带结150克 · 豆腐50克
鲜香菇30克 · 味噌酱20克

辅料

油30毫升 | 葱花10克 | 盐1/2茶匙

做法

1　将海带结和鲜香菇泡水5分钟后洗净，海带结捞出沥干，鲜香菇切片，豆腐切成小方块。

2　热锅放油，油热后放葱花爆香，加入500毫升温水。

3　大火煮开后倒入味噌酱，至完全溶化后，倒入海带结和香菇片。

4　转中火煮开，放入豆腐块，煮3分钟后加盐调味，关火出锅。

烹饪秘籍

❶ 泡菜一定要沥干水分后下锅，否则水分太多，与米饭同炒时容易粘锅。

❷ 将香油提前淋入米饭中，可以保证米饭在翻炒时更清爽，口感也更鲜香。

浓郁咸香的泡菜，脆爽的火腿胡萝卜丁，入口满满都是韩国风味，搭配日式改良版的味噌汤，让你的午餐充满了浪漫偶像剧里的美好滋味。

西蓝花鸡肉饭+时蔬骨头汤

主餐：西蓝花鸡肉饭

45 分钟　简单

主料

大米50克 · 西蓝花100克 · 胡萝卜40克 · 鸡胸肉50克

辅料

油20毫升 | 盐1/2茶匙 | 料酒1汤匙 | 老抽1茶匙 | 生抽1茶匙

做法

1　将西蓝花洗净，掰成小朵；胡萝卜洗净后去皮，切成小细块，备用。

2　净锅煮水，水开后焯西蓝花和胡萝卜块，1分钟后捞出，沥干。

3　将大米淘洗干净后用冷水浸泡10分钟；鸡胸肉切丁，倒料酒，腌制5分钟去腥。

4　热锅冷油，油热后倒入腌制好的鸡胸肉，加100毫升温水，倒入生抽、老抽。

5　翻炒至肉色变白后，倒焯好的西蓝花和胡萝卜块，炖2分钟加盐调味，带汤汁盛出。

6　将米倒入电饭煲中，加200毫升冷水，倒入炖好的西蓝花鸡胸肉，按下煮饭键，20分钟后即可。

营养贴士

西蓝花鸡胸肉是标准的低脂搭配，营养丰富的同时，热量还很低，具有很好的减肥效果。搭配美味的时蔬骨头汤，更是滋补养身，特别适合工作劳累的上班族食用。

配餐：时蔬骨头汤

70 分钟　简单

主料

猪骨头200克 · 青菜段150克

辅料

葱花5克 | 姜丝4克 | 盐1/2茶匙 | 鸡精1/2茶匙 | 料酒1汤匙

做法

1　将猪骨头剁成大小适中的块，放入清水中浸泡20分钟。

2　净锅冷水，倒入浸泡好的猪骨头，加料酒去腥，大火煮开后捞出，过冷水冲洗后沥干。

3　再次起锅，放600毫升冷水，倒入焯好的骨头块、葱、姜，大火熬煮。

4　煮开后转小火再熬煮40分钟左右，倒入青菜，搅拌一下后加盐和鸡精调味，即可出锅。

烹饪秘籍

炖排骨汤时，一定要提前将骨头浸泡，并在煮沸后撇除浮沫，这样会去掉骨头中的杂质和血水，保证骨头汤更鲜美。

西蓝花的清香，加上鸡胸肉的软嫩，配上香喷喷的米饭，再来碗浓鲜的时蔬骨头汤，低脂又营养的美味套餐满足你挑剔的味蕾，让你舒舒服服放开吃。

正宗味道自己烧

照烧鸡腿饭+酸甜腌萝卜

主餐：照烧鸡腿饭

45 分钟　简单

主料

米饭200克·鸡腿1个（约250克）·西蓝花100克
胡萝卜40克

辅料

油30毫升｜料酒1汤匙｜生抽2汤匙｜照烧汁2汤匙
盐1/2茶匙｜胡椒粉1茶匙｜葱花10克｜姜丝4克

做法

1　将鸡腿洗净后剔除骨头，用刀背拍几下，放入碗中，加葱、姜、料酒、1汤匙生抽和胡椒粉后搅匀，腌制20分钟。

2　将西蓝花洗净，掰成小朵；胡萝卜洗净、去皮后，切成薄片。

3　净锅煮水，加盐，水开后倒入西蓝花和胡萝卜，焯3分钟后捞出备用。

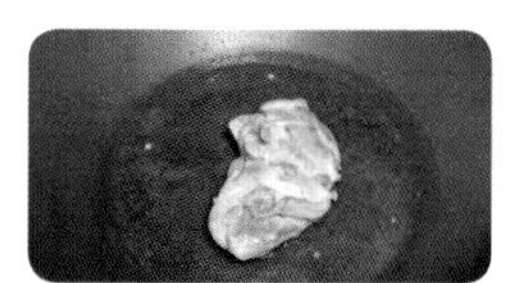

4　热锅倒油，将腌制好的鸡腿倒入锅中，煎至两面焦黄。

5　加生抽和照烧汁，再倒入50毫升水，中火焖10分钟左右，大火收汁。

6　关火出锅后，将鸡肉均匀切好，与西蓝花、胡萝卜和米饭一起装入便当盒即可。

烹饪秘籍

如果家中没有照烧汁，也可以自己调配，用1汤匙蚝油、2汤匙蜂蜜、1汤匙生抽、2汤匙料酒、1/2茶匙盐和20毫升清水调匀即可，味道丝毫不打折。大火收汁时，可以适当留点汁液倒在米饭上，味道更浓郁。

配餐：酸甜腌萝卜

35 分钟（除去冷藏时间）　简单

主料

白萝卜300克·小米椒段5克

辅料

米醋2汤匙｜白糖2汤匙｜盐1茶匙

做法

1　将白萝卜洗净后，直接切成厚度适中的薄片，加盐，腌制30分钟至萝卜出水。

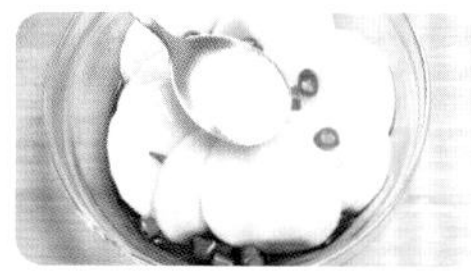

2　将腌制好的白萝卜洗净，控干水分，加切好的小米椒、米醋和白糖，轻轻搅匀。

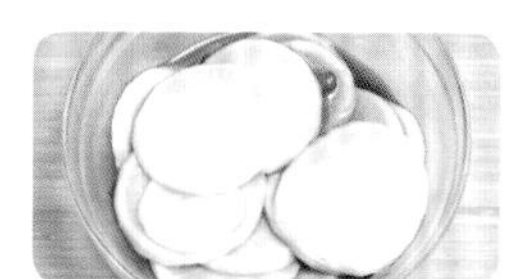

3　调好后放入冰箱冷藏1晚，就可以作为便当的配餐了。

营养贴士

❶ 鸡肉是低脂肪、高蛋白的食材，常吃能够有效增强免疫力。

❷ 白萝卜是药食两用的蔬菜，不但可以促进消化，还对哮喘、慢性咽炎、高血压等有很好的食疗效果。

照烧鸡的浓鲜搭配白萝卜的酸甜，这道午餐便当不但颜值爆表，还让你食欲大增，肉软多汁，甜咸浓郁，清爽不油腻，味道超乎想象。

浓香辛辣最解馋

咖喱鸡肉饭+鲜菇鸡蛋汤

主餐：咖喱鸡肉饭　45分钟　简单

主料

米饭200克 · 鸡胸肉200克
胡萝卜40克 · 土豆50克 · 洋葱30克

辅料

油20毫升 | 咖喱块15克 | 盐1/2茶匙
料酒2汤匙 | 鸡精1/2茶匙

这道散发着浓郁咖喱风味的套餐，香嫩中带有一丝辛辣，搭配清爽的鲜菇蛋花汤，更是美妙绝伦。解馋的同时还清口怡人。

做法

1 将鸡胸肉洗净后切小细丁，加料酒腌制10分钟。

2 将土豆和胡萝卜洗净、去皮，切成细丁；将洋葱切成碎块，备用。

3 热锅冷油，油温后，加咖喱块，放入洋葱翻炒。

4 加入土豆、胡萝卜丁，翻炒一会儿，倒入鸡肉丁，加入200毫升温水。

5 大火烧开后转小火焖煮，直到完全熟透、汤汁浓郁为止。

6 加盐和鸡精调味，关火，倒入米饭中即可。

烹饪秘籍

咖喱块的味道已经足够，所以就无须添加别的配料了。

营养贴士

咖喱是提升胃口的好选择，搭配鸡胸肉和土豆，还能够强身健体、提升免疫力。

配餐：鲜菇鸡蛋汤

20 分钟 简单

主料

鸡蛋2个（约100克）
蘑菇250克

辅料

油20毫升 | 葱花5克
盐1/2茶匙 | 鸡精1/2茶匙

做法

1 将蘑菇择好后洗净，分成竖条，过沸水焯1分钟，捞出沥干备用。

2 取小碗，将鸡蛋磕入，打散搅匀。

3 热锅冷油，加葱花炝锅后倒入蘑菇，翻炒一会儿，加250毫升温水。

4 大火煮开，均匀倒入蛋液，打成蛋花，加盐和鸡精调味，即可出锅。

烹饪秘籍

在烧鲜菇汤时，将蘑菇焯一下再下锅，能够去除异味，让口味更纯正。

营养贴士

蘑菇中含有丰富的维生素D等物质，有益于骨骼的健康，常吃还能够预防癌症。

这一次我站米饭

排骨土豆焖饭+番茄鸡蛋汤

营养贴士

排骨加土豆是滋补的绝佳配方，能带来人体所需的多种营养素，因为富含多种维生素和微量元素，还能够延缓细胞的衰老。

主餐：排骨土豆焖饭

65 分钟　中等

主料

排骨200克 · 土豆40克 · 胡萝卜40克 · 大米50克

辅料

油30毫升 | 葱花5克 | 姜4片 | 料酒2汤匙
生抽1汤匙 | 老抽1茶匙 | 盐1/2茶匙 | 十三香1茶匙

做法

1 将米淘洗干净，提前用冷水浸泡，将土豆、胡萝卜去皮，改刀切块备用。

2 将排骨块洗净后冷水入锅，加料酒、姜、少许葱花。

3 大火煮开，捞出再次用清水冲洗干净后，沥干备用。

4 净锅凉油，倒入葱花炝锅，爆香后倒入排骨翻炒。

5 加生抽、老抽、十三香和250毫升温水，大火煮开后转中火熬炖。

6 炖25分钟左右，倒入土豆块和胡萝卜块后焖煮，至土豆变软后加盐调味，关火。

7 将米倒入电饭煲中，加入200毫升清水，倒入炒好的排骨土豆和汤汁。

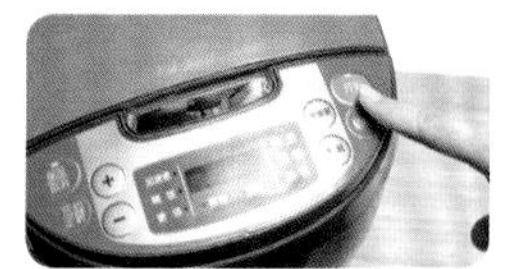

8 按下煮饭键，等待20分钟左右就可以出锅啦。

配餐：番茄鸡蛋汤

20 分钟　简单

主料

番茄150克 · 鸡蛋2个（约100克）

辅料

油15毫升 | 葱10克 | 蒜2瓣 | 盐1/2茶匙
鸡精1/2茶匙 | 淀粉5克

做法

1 将番茄洗净后去蒂，改刀切适中的菱形块，葱白切碎，葱叶切葱花，蒜切碎末。

2 将鸡蛋磕入碗中，打散搅匀；淀粉中加50毫升清水，调成水淀粉备用。

3 热锅冷油，放葱蒜炝锅，倒入番茄块爆炒，出汁后倒250毫升温水，煮开后淋入调好的水淀粉，煮至沸腾。

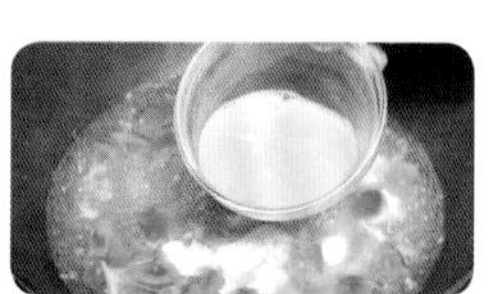

4 边搅拌边均匀淋入鸡蛋液，加盐和鸡精调味，倒入葱花后，关火出锅。

烹饪秘籍

❶ 在焖煮米饭时不要放太多水，否则米饭会特别黏，影响口感。
❷ 熬煮番茄鸡蛋汤时调入淀粉，会让汤汁更浓郁。

土豆软糯，排骨浓香，鲜美的汤汁彻底浸透米饭，让这道诱人的美味在出锅的刹那便大大唤醒食欲。更妙的是，焖出来的米饭比肉更入味、更可口。

在家品尝宝岛特色

台湾卤肉饭+卤鸡蛋

主餐：台湾卤肉饭

35 分钟　简单

主料

猪五花肉200克 · 米饭200克 · 西蓝花50克
胡萝卜40克

辅料

油30毫升 | 葱花10克 | 姜丝5克 | 蒜粒5克
盐1/2茶匙 | 生抽1汤匙 | 八角3克 | 白糖2汤匙
老抽1茶匙 | 料酒2汤匙 | 十三香1茶匙

做法

1 将猪五花肉洗净后切成细碎丁，加料酒、部分生抽腌制20分钟。

2 将西蓝花、胡萝卜洗净，西蓝花分成小朵，胡萝卜去皮、切块。

3 热锅冷油，用姜蒜炝锅，倒入五花肉翻炒，加生抽、老抽、白糖、十三香、八角和200毫升温水，大火焖煮。

4 另起锅煮水，加盐，水开后倒入西蓝花和胡萝卜块，焯熟后捞出，沥干备用。

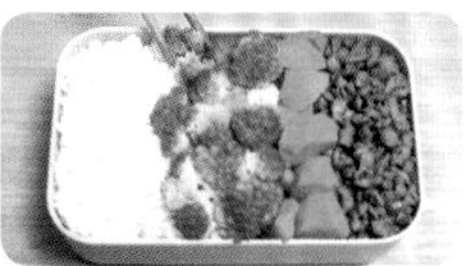

5 待猪五花肉熬煮至汤汁浓稠后关火，倒入米饭中，码上焯熟的西蓝花和胡萝卜块即可。

烹饪秘籍

如果时间紧张，卤鸡蛋和卤猪肉可一起进行，只需在卤肉前提前将鸡蛋煮熟，剥去蛋壳就行。

配餐：卤鸡蛋

35 分钟　简单

主料

鸡蛋4个（约200克）· 干辣椒段3克 · 卤肉汤汁200毫升

做法

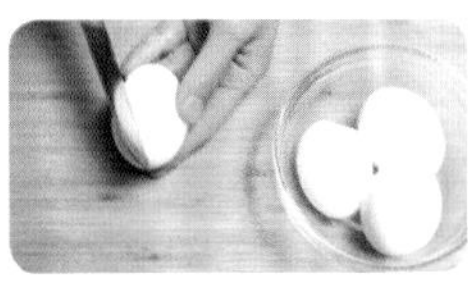

1 将鸡蛋洗净后放入锅中，倒入300毫升冷水，煮15分钟后捞出过冷水，剥壳后用小刀轻划两下。

2 将鸡蛋放入锅中，倒入卤肉后的汤汁，加入干辣椒和适量水，没过鸡蛋即可。

3 大火煮开后，转中小火继续熬煮，20分钟关火捞出，切两半后与卤肉饭一起装盒即可。

营养贴士

猪肉能够补充蛋白质，搭配西蓝花和胡萝卜，可以补充维生素和微量元素。而鸡蛋则是钙的极佳来源，且易被消化吸收，常吃还能改善记忆力。

这是一道极具台湾特色的套餐便当。浓郁的酱肉汁给予了米饭别样的风味，咸而带甜，肥而不腻，搭配西蓝花和胡萝卜，清口更健康。

广式佳肴吃不厌

腊肠煲仔饭+冬瓜汤

营养贴士

腊肠煲仔饭除了能够补充能量，还能开胃助食，提升食欲。搭配油菜和香菇，不但能够降血脂，还可强身健体、增强免疫力。

主餐：腊肠煲仔饭

55分钟　简单

主料

大米150克 · 腊肠100克 · 油菜100克 · 鲜香菇100克
鸡蛋1个（约40克）

辅料

油10毫升 | 葱花3克 | 姜丝3片 | 蒜粒3克
盐1/2茶匙 | 生抽1汤匙 | 蚝油1汤匙 | 老抽1/2汤匙
白糖1汤匙 | 香油1茶匙

做法

1　将大米淘洗净后浸泡；腊肠切长片；油菜洗净切小段；香菇洗净沥干水分，切小块。

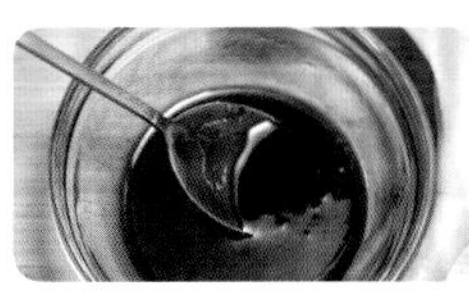

2　取小碗，加生抽、老抽、蚝油、盐、白糖和香油，搅拌均匀，调成酱汁。

烹饪秘籍

做腊肠煲仔饭时，一定要用广式腊肠，其滋味正宗、香甜可口，而且焖煮之后更加鲜亮，让人看到即食欲大增。

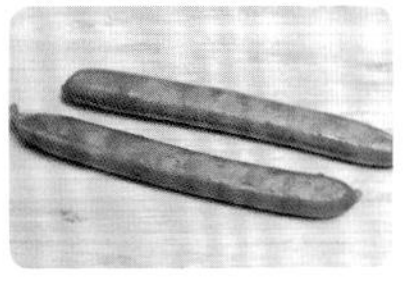

3　将浸泡后的大米倒入砂煲里面，倒入200毫升清水，滴入油，大火煮开。

4　转小火熬煮至米汤收干，放入姜丝，码上腊肠、油菜、香菇。

5　在空余的地方打上鸡蛋，盖上盖子，继续焖煮。

6　20分钟后，放入葱花和蒜末，倒入调好的酱汁，关火闷3分钟，搅拌均匀即可。

配餐：冬瓜汤

20分钟　简单

主料

冬瓜200克 · 葱花10克

辅料

油20毫升 | 姜丝4克 | 盐1/2茶匙
鸡精1茶匙

做法

1　将冬瓜去皮后，切成大小适中的方形厚片。

2　热锅冷油，放入姜丝炝锅，倒入冬瓜片翻炒一会儿。

3　倒入200毫升温水，大火煮开，加葱花、盐和鸡精调味后，即可盛出。

广州美食甲天下，这道套餐绝对是粤菜美味的经典，色香味俱全。最让人过瘾的是，其浓郁的汤汁能够渗透到米饭里，软糯咸香，尝过就再也难以忘怀。

每顿吃饱好过冬

牛肉卷盖饭+辣白菜

主餐：牛肉卷盖饭

25 分钟　简单

主料

米饭200克 · 洋葱100克 · 牛肉卷200克

辅料

油30毫升 | 盐1/2茶匙 | 蚝油1/2汤匙 | 料酒1汤匙
生姜3片 | 黑胡椒粉1/2茶匙

做法

1　将牛肉洗净后切薄片，加料酒、姜片和蚝油，腌制10分钟。

2　将洋葱去外皮后切大小合适的圆细丝备用。

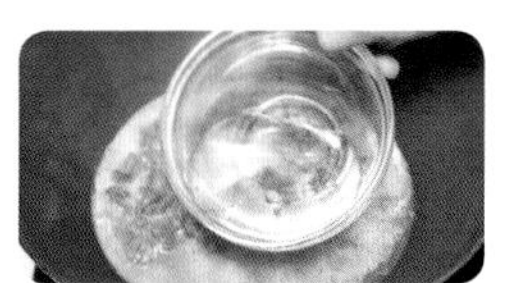

3　热锅冷油，倒入腌好的牛肉卷，大火煸炒，加温水20毫升焖煮。

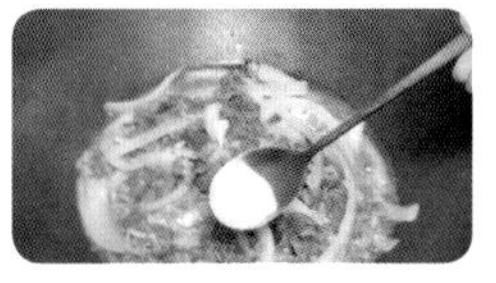

4　倒入洋葱，炒至颜色透明后，加盐和胡椒粉调味，关火。

5　将炒好的洋葱牛肉卷连带汤汁一起淋在米饭上即可。

烹饪秘籍

牛肉卷如果切得很薄，怕炒碎，也可以提前用沸水烫熟，再和洋葱一起炒，记得烫煮牛肉时要不断撇除浮沫哟。

配餐：辣白菜

20 分钟（去除腌制时间）

简单

主料

白菜300克

辅料

辣酱5汤匙 | 盐3汤匙

做法

1　将白菜去根、洗净，剔除掉外面的老叶，对半切开，取一半使用。

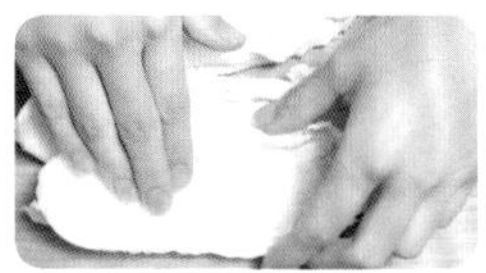

2　将盐均匀地一层层抹到白菜上，腌制24小时，用清水冲洗备用。

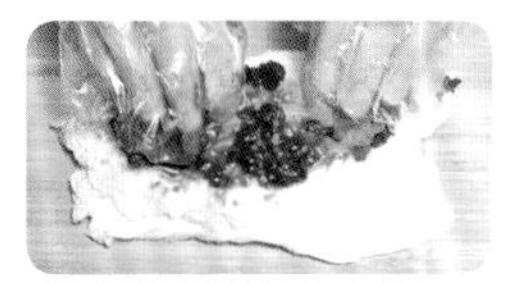

3　戴一次性手套，将辣酱均匀抹到白菜上，包括根部，越均匀越好。

4　用保鲜袋将抹好辣酱的白菜包裹好，放入冰箱中冷藏，2天后取出，剪成小块即可食用。

营养贴士

常吃牛肉可以增强体力、强身健体，而洋葱则能开胃提神、杀菌消炎，常吃洋葱，还能够预防感冒。食欲不好的时候，用辣白菜来开胃也是不错的选择。

鲜嫩的牛肉，清甜的洋葱，加上浓郁咸香的汤汁，再配上辣乎乎的大白菜，这个冬天，让你每顿午饭都能吃得饱更吃得好！

便当也走可爱风

蛋包饭+甜渍圣女果

主餐：蛋包饭

25 分钟　简单

主料

隔夜饭200克 · 鸡蛋2个（约80克）
胡萝卜丁40克 · 火腿丁50克 · 黄瓜丁40克

辅料

油40毫升｜盐1/2茶匙｜胡椒粉1/2茶匙
番茄酱2汤匙｜淀粉1汤匙

做法

1 将鸡蛋磕入碗中，加入淀粉，打散搅匀，备用。

2 热锅冷油，倒入胡萝卜丁、黄瓜丁、火腿丁，翻炒后倒入米饭，炒散后加盐和胡椒粉调味，盛出。

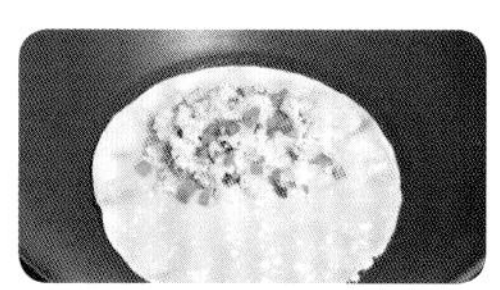

3 平底锅放油，油温后放入蛋液，摊煎成圆形蛋皮后沿一端倒入炒好的米饭，然后对折。

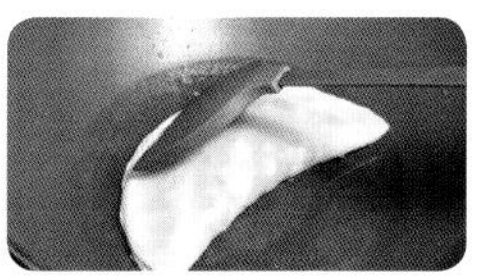

4 轻轻用铲子压紧蛋皮后出锅，黄灿灿的蛋包饭就可装入便当盒了。

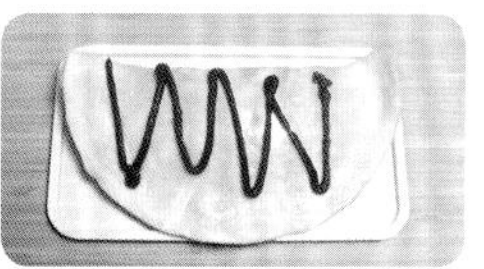

5 中午吃饭时，再在香喷喷的蛋包饭上淋一层番茄酱，美味不可阻挡。

烹饪秘籍

在鸡蛋液中加点淀粉，可以保证蛋液的稠密，这样摊煎出来的蛋皮厚薄适中，不容易撕破，口感也更筋道一些。

配餐：甜渍圣女果

20 分钟（去除冷藏时间）　简单

主料

圣女果150克

辅料

冰糖15克

做法

1 将圣女果去蒂，洗净后，顶端划十字刀。

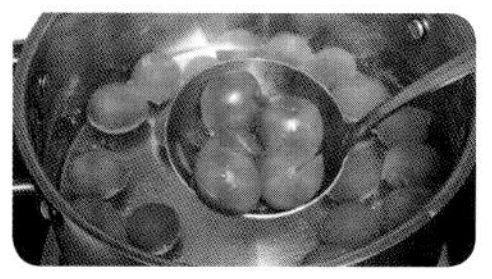

2 净锅煮水，水开后倒入圣女果，起皮后捞出，过冰水去皮。

3 取玻璃碗，加冰糖，放入去皮的圣女果，倒入100毫升凉白开，用保鲜膜裹紧。

4 放入冰箱冷藏1晚，即可食用。

营养贴士

❶ 鸡蛋中丰富的蛋白质极易被身体吸收，搭配黄瓜、胡萝卜等，还能补充身体所需的维生素。
❷ 酸甜可口的甜渍圣女果是开胃的必备小菜，不但能够消食促消化，还能美容养颜呢。

金黄的蛋包饭，配上甜渍过的红色圣女果，这道便当简直可爱到爆。带去与同事分享，其闪亮的颜值、香甜可口的滋味，一定会让你备受称赞哟。

香菇鳕鱼茄汁饭+煎芦笋

主餐：香菇鳕鱼茄汁饭

25分钟　简单

主料

米饭200克 · 鳕鱼300克 · 鲜香菇20克
胡萝卜40克

辅料

油30毫升 | 盐1/2茶匙 | 料酒1汤匙
番茄酱2汤匙 | 葱花5克 | 鸡精1/2茶匙

鳕鱼肉质细腻鲜滑，入口即化，芦笋吃起来爽口脆嫩，还有股独特的清香，两者搭配做便当，营养、好吃更减肥。

做法

1 将鳕鱼解冻后，用厨房纸擦干水分，切成小块。

2 鳕鱼中加料酒和盐，腌制10分钟左右。

3 将鲜香菇洗净，切成细丁；胡萝卜洗净，去皮、切细丁。

4 取锅煮水，水开后倒入香菇丁和胡萝卜丁，焯熟捞出。

5 平底锅倒油，小火烧至温热后，放葱花炝锅。

6 倒入切好的鳕鱼煸炒，放番茄酱，倒入香菇丁和胡萝卜丁，加50毫升温水熬煮一会儿。

7 加盐和鸡精调味后盛出，与米饭一起装入便当盒中即可。

烹饪秘籍

在煎鳕鱼的时候不要过早翻面，可以事先扑上点淀粉防止煎碎。

营养贴士

鳕鱼富含多种氨基酸，且容易被身体吸收，常吃有健脑补脑、增强免疫力的作用。

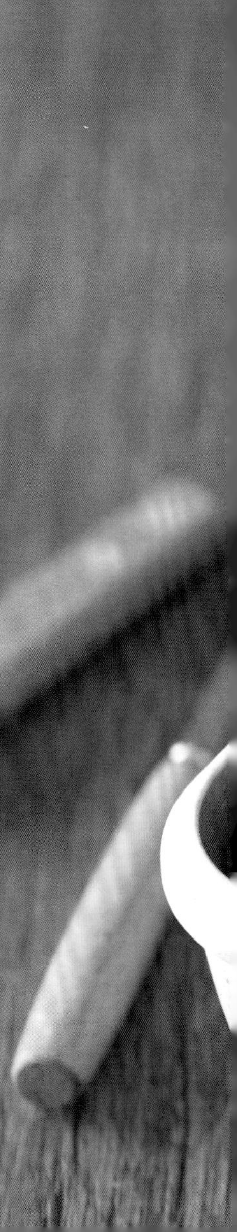

配餐：煎芦笋

 10 分钟　简单

主料

芦笋200克

辅料

油30毫升 | 胡椒粉1/2茶匙
盐1茶匙

烹饪秘籍

芦笋焯水时加点盐，可以保持青绿的色泽，更鲜亮。

营养贴士

芦笋不但能促进身体的新陈代谢，还能够预防便秘，降低胆固醇。

做法

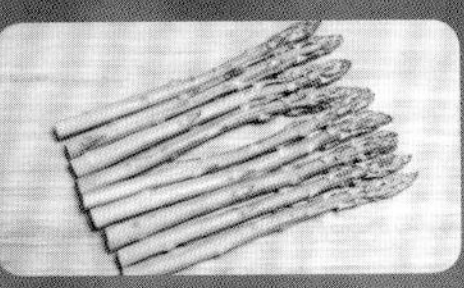

1 将芦笋洗净后去除老根。

2 净锅煮水，加盐，水开后焯芦笋，1分钟后捞出沥干。

3 平底锅内倒油，小火烧至温热后，放入焯好的芦笋。

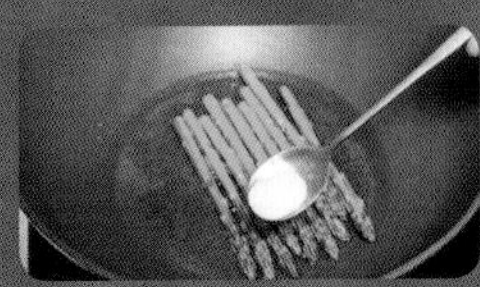

4 芦笋煎炒一会儿后，放入盐、胡椒粉，拌匀即可出锅啦。

沁入心脾的鲜滋味

日式鳗鱼饭+豆芽虾皮冬瓜汤

主餐：日式鳗鱼饭

55 分钟　简单

主料

鳗鱼200克 · 米饭200克 · 胡萝卜40克 · 鲜香菇20克
豌豆20克 · 玉米粒20克 · 熟白芝麻5克

辅料

油30毫升 | 盐1/2茶匙 | 料酒2汤匙 | 生抽2汤匙
白糖2茶匙 | 蚝油2汤匙

烹饪秘籍

也可以直接买半成品鳗鱼，只需放在烤箱里烘烤2分钟就可以。如果是自己煎烤，可以提前插一根竹签，这样能防止鳗鱼在烘烤过程中卷曲、熟度不均匀。

做法

1 将鳗鱼洗净，切成长度适中的小段，加料酒和部分生抽腌制30分钟。

2 将胡萝卜洗净、去皮，切细丁；鲜香菇浸泡、洗净后，切成细丁。

3 净锅煮水，水开后依次倒入豌豆、玉米粒、胡萝卜丁、香菇丁，焯熟后捞出，备用。

4 取小锅，倒入生抽、白糖、盐和蚝油，小火熬煮至酱汁黏稠后关火。

5 热锅冷油，煎鳗鱼，至双面金黄后盛出备用。

6 将白芝麻撒在煎好的鳗鱼上，然后放在米饭上，码上豌豆、玉米粒、胡萝卜丁、香菇丁。

7 将煮好的酱汁均匀淋在米饭上即可。

营养贴士

鳗鱼素来有“水中软黄金”的美称，其富含维生素A和维生素E，对肝脏有很好的保护效果。长期面对电脑的人，多吃鳗鱼能保护视力。

配餐：豆芽虾皮冬瓜汤

30分钟　简单

主料

豆芽150克·虾皮15克
冬瓜200克

辅料

油20毫升｜盐1/2茶匙
鸡精1/2茶匙｜葱2克
姜2克

做法

1　将豆芽洗净后捞出备用。冬瓜去皮，切成细薄片，备用。

2　热锅冷油，油温后，加葱、姜炝锅，倒入豆芽翻炒，加250毫升温水。

3　加虾皮、冬瓜，大火煮开，加盐和鸡精调味，即可关火出锅啦。

鳗鱼饭看上去就让人充满食欲。酱汁甜香浓郁，加上五颜六色的配菜，更是让人心情美美的。再喝一口清爽鲜美的豆芽虾皮冬瓜汤，这顿午餐保证让你吃得心满意足。

萨巴厨房® 系列图书

吃出健康 系列

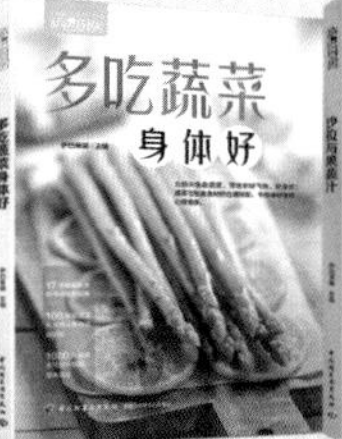

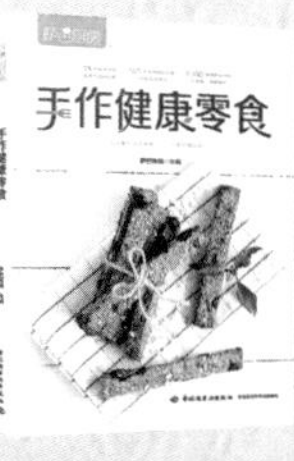

懒人下厨房
系列

家常美食
系列

图书在版编目（CIP）数据

萨巴厨房. 快手营养便当 / 萨巴蒂娜主编 . — 北京：中国轻工业出版社，2020.7

ISBN 978-7-5184-3009-3

Ⅰ. ①萨… Ⅱ. ①萨… Ⅲ. ①食谱 Ⅳ. ① TS972.12

中国版本图书馆 CIP 数据核字（2020）第 080861 号

责任编辑：高惠京　　责任终审：劳国强　　整体设计：锋尚设计

策划编辑：龙志丹　　责任校对：晋　洁　　责任监印：张京华

出版发行：中国轻工业出版社（北京东长安街6号，邮编：100740）

印　　刷：北京博海升彩色印刷有限公司

经　　销：各地新华书店

版　　次：2020年7月第1版第1次印刷

开　　本：710 × 1000　1/16　印张：12

字　　数：200千字

书　　号：ISBN 978-7-5184-3009-3　定价：49.80元

邮购电话：010-65241695

发行电话：010-85119835　传真：85113293

网　　址：http://www.chlip.com.cn

Email：club@chlip.com.cn

如发现图书残缺请与我社邮购联系调换

191324S1X101ZBW